宁夏湿地植物资源

Wetland Plant Resources in Ningxia

梁文裕　朱　强　主编

中国林业出版社
China Forestry Publishing House

图书在版编目（CIP）数据

宁夏湿地植物资源 / 梁文裕，朱强主编. -- 北京：中国林业出版社，2020.6
ISBN 978-7-5219-0594-6

Ⅰ.①宁… Ⅱ.①梁…②朱… Ⅲ.①沼泽化地—植物资源—宁夏 Ⅳ.①Q948.524.3

中国版本图书馆CIP数据核字（2020）第092074号

责任编辑：贾麦娥
电　　话：010-83143562

出版发行　中国林业出版社 (100009 北京市西城区德内大街刘海胡同7号)
　　　　　http://www.forestry.gov.cn/lycb.html
经　　销　新华书店
制　　版　北京时代澄宇科技有限公司
印　　刷　河北京平诚乾印刷有限公司
版　　次　2020年7月第1版
印　　次　2020年7月第1次印刷
开　　本　787mm×1092mm　1/16
印　　张　15
字　　数　336千字
定　　价　178.00元

主　　编　梁文裕　宁夏大学

　　　　　朱　强　宁夏林业研究院　种苗生物工程国家重点实验室

副 主 编　韦　宏　宁夏湿地办公室　宁夏沙湖自然保护区管理处

　　　　　王玲霞　宁夏大学

　　　　　刘王锁　宁夏葡萄酒与防沙治沙职业技术学院

　　　　　李小伟　宁夏大学

编　　者　徐婷婷　宁夏大学

　　　　　张　磊　四川大学

　　　　　倪细炉　宁夏大学

　　　　　石　晶　宁夏大学

　　　　　邱小琮　宁夏大学

　　　　　章英才　宁夏大学

　　　　　杨　涓　宁夏大学

　　　　　杨淑娟　宁夏大学

　　　　　史红宁　宁夏湿地办公室　宁夏沙湖自然保护区管理处

　　　　　刘　静　宁夏林业研究院　种苗生物工程国家重点实验室

　　　　　曾继娟　宁夏林业研究院　种苗生物工程国家重点实验室

　　　　　李晓旭　宁夏大学

　　　　　王　猛　宁夏大学

　　　　　张　筝　宁夏大学

　　　　　虎玲花　宁夏大学

技术顾问　王　俊　宁夏大学

摄　　影　朱　强　宁夏林业研究院　种苗生物工程国家重点实验室

　　　　　梁文裕　宁夏大学

　　　　　韦　宏　宁夏湿地办公室　宁夏沙湖自然保护区管理处

　　　　　张　磊　四川大学

　　　　　邱小琮　宁夏大学

▲ 典农河湿地

▲ 固原库塘湿地

◀ 黄河

▲ 黄河东岸人工湿地

▶ 鸣翠湖湿地

◀ 清水河湿地

▶ 沙湖湿地

◀ 太阳山温泉湖

▶ 吴忠黄河湿地公园

◀ 吴忠黄河湿地一角

▶ 星海湖湿地

◀银川平原 – 草本沼泽

▶银川平原稻田

◀阅海

前　言

　　宁夏回族自治区位于黄河中上游，总面积 6.64 万平方千米。宁夏湿地类型多样，有湖泊湿地、河流湿地、沼泽湿地和人工湿地等 4 类湿地，永久性河流、永久性湖泊、洪泛平原湿地等 14 个湿地型。宁夏湿地总面积为 205509.08 公顷，其中自然湿地 169136.72 公顷，占湿地总面积 82.30%，人工湿地 36372.36 公顷，占湿地总面积 17.70%。宁夏湿地蕴藏着丰富的动植物资源，具有重要的资源供给、调节气候、调洪蓄水、科普教育、旅游观光等功能。

　　宁夏湿地植物资源丰富，种类较多。据不完全调查统计，宁夏分布有湿地植物 191 种，隶属于 44 科 111 属，其中苔藓植物 1 科 1 属 1 种；蕨类植物 3 科 4 属 6 种；被子植物 40 科 106 属 184 种（其中双子叶植物 113 种，27 科 69 属；单子叶植物 71 种，13 科 37 属）。为了正确识别、有效保护及合理开发利用湿地植物资源，我们从分类地位、形态特征、生态分布、资源利用、原色照片等方面，对 191 种湿地植物进行了介绍，编著成《宁夏湿地植物资源》，供广大植物资源保护与利用、湿地保护、环境保护、中药材保护与开发利用等领域从事教学、研究、生产等相关工作的人员参考使用。

　　本书由梁文裕和朱强主编，韦宏、王玲霞、刘王锁、李小伟为副主编，徐婷婷、张磊、倪细炉、史红宁、石晶、邱小琼、章英才、杨涓、杨淑娟、刘静、曾继娟、李晓旭、王猛、张筝、虎玲花等参与了编写。

　　本书在编写过程中，承蒙宁夏大学、宁夏林业研究院、种苗生物工程国家重点实验室、自治区中医药管理局、宁夏沙湖自然保护区管理处、宁夏湿地办公室等有关部门领导和专家的大力支持，在此表示衷心感谢。书中个别物种图片由通化师范学院周繇教授、中国科学院植物研究所刘冰博士提供，在此一并感谢。

　　由于水平所限，不足之处在所难免，敬请专家和同仁批评指正，以资在今后的工作中臻于完善。

编　者

2020 年 3 月

目 录

第
一
章

宁夏湿地概况

1　湿地自然概况

宁夏回族自治区位于我国西北地区，地理坐标为104°17′~104°39′，北纬35°14′~39°23′，总面积6.64万平方千米。黄河纵贯宁夏13个县市，蜿蜒397千米，年径流量318亿立方米。优越的水利条件使宁夏成为我国四大自流灌溉区之一，同时也造就了大面积湿地。宁夏湿地类型较为丰富，有湖泊、河流、沼泽、水库、稻田、鱼塘等各种类型，主要分布在黄河、典农河、清水河两侧和腾格里沙漠及毛乌苏沙漠沿线。

根据2010年全国第二次湿地资源调查（宁夏区）调查及后续补充调查结果，宁夏湿地总面积为205509.08公顷，占全区国土面积的比例为3.97%，其中自然湿地（包括河流湿地、湖泊湿地、沼泽湿地）169136.73公顷，占湿地总面积82.30%，人工湿地36372.35公顷，占湿地总面积17.70%（表1-1）（不包括2009年全区常年水稻面积6.67万公顷）。

表1-1　宁夏湿地类型面积统计表

湿地类	湿地型	面积（公顷）	湿地型比例（%）	湿地类面积（公顷）	湿地类比例（%）
河流湿地	永久性河流	31425.94	15.29	98256.30	47.81
	季节性或间歇性河流	16907.49	8.23		
	洪泛平原湿地	49922.87	24.29		
湖泊湿地	永久性淡水湖	19995.76	9.73	33379.03	16.24
	永久性咸水湖	1047.40	0.51		
	季节性淡水湖	1522.73	0.74		
	季节性咸水湖	10813.14	5.26		
沼泽湿地	草本沼泽	8637.96	4.20	37501.40	18.25
	灌丛沼泽	1777.60	0.86		
	内陆盐沼	7160.11	3.48		
	季节性咸水沼泽	19925.73	9.70		
人工湿地	库塘	10760.67	5.24	36372.35	17.70
	运河、输水河	10179.22	4.95		
	水产养殖场	15432.46	7.51		
合计		205509.08	100	205509.08	100

2　各湿地类型及其面积

宁夏全区湿地可分为4大类14型，其中自然湿地有河流湿地、湖泊湿地和沼泽湿地3类11型，人工湿地有库塘、运河和输水河、水产养殖场3型。

按湿地类分，全区有河流湿地98256.30公顷，占湿地总面积47.81%；湖泊湿地33379.03公顷，占湿地总面积16.24%；沼泽湿地37501.40公顷，占湿地总面积18.25%；人工湿地36372.35公顷，占湿地总面积的17.70%。

按湿地型分，全区有永久性河流31425.94公顷，占15.29%；季节性或间歇性河流16907.49公顷，占8.23%；洪泛平原湿地49922.87公顷，占24.29%；永久性淡水湖 19995.76 公顷，占 9.73%；永久性咸水湖 1047.40 公顷，占 0.51%；季节性淡水湖 1522.73 公顷，占 0.74%；季节性咸水湖 10813.14 公顷，占 5.26%；草本沼泽 8637.96 公顷，占 4.20%；灌丛沼泽 1777.60 公顷，占 0.86%；内陆盐沼 7160.11 公顷，占 3.48%；季节性咸水沼泽 19925.73 公顷，占 9.70%；库塘 10760.67 公顷，占 5.24%；运河、输水河 10179.22 公顷，占 4.95%；水产养殖场 15432.46 公顷，占 7.51%。

3 各湿地区的湿地类型及面积

根据《全国湿地资源调查技术规程（试行）》要求，宁夏全区可划为 37 个湿地区，其中单独区划的湿地区 15 个，零星湿地区 22 个（表 1-2）。在单独区划的湿地区中湿地面积最大的是天河湾湿地区，第二是青铜峡库区湿地区，第三是哈巴湖湿地区。河流湿地面积最大的依次为天河湾湿地区、银川平原湿地区和卫宁平原湿地区。湖泊湿地主要分布在盐池县零星湿地区、沙湖湿地区和贺兰县零星湿地区；沼泽湿地主要分布在平罗县零星湿地区、哈巴湖国家级自然保护区和沙湖湿地区；人工湿地在大部分湿地区均有分布，其中面积最大的是贺兰县零星湿地区，第二是永宁县零星湿地区，第三为平罗县零星湿地区。

表 1-2　宁夏各湿地区湿地面积统计表（单位：公顷）

湿地区 ＼ 湿地类型	河流湿地	湖泊湿地	沼泽湿地	人工湿地	合计
星海湖湿地区		2426.25	538.68	318.97	3283.90
天河湾湿地区	23232.97				23232.97
银川平原湿地区	15648.61	284.14			15932.75
黄沙古渡湿地区	1832.88		506.69		2339.57
沙湖湿地区		3455.56	4011.34	1172.58	8639.48
阅海湿地区		2038.09	492.99	667.28	3198.36
鸣翠湖湿地区		240.39	328.60	775.11	1344.10
鹤泉湖湿地区		252.38	280.55	134.07	667.00
吴忠黄河湿地区	4501.26	862.60		48.87	5412.73
哈巴湖湿地区	201.99	3294.29	7224.61		10720.89
青铜峡库区湿地区	10491.82	1254.65			11746.47
腾格里湿地区		1149.16	1846.83	230.35	3226.34
卫宁平原湿地区	11623.90	572.32		178.67	12374.89
天湖湿地区		742.28	2213.80		2956.08
震湖湿地区		272.53	85.88		358.41
大武口区零星湿地区	347.52	66.25	1078.79	470.55	1963.11
惠农区零星湿地区	351.48	921.57	2776.38	1837.62	5887.05
平罗县零星湿地区	181.73	1069.08	8660.34	2699.99	12611.14
兴庆区零星湿地区	169.34	294.83	496.84	1557.51	2518.52
金凤区零星湿地区		427.93	42.51	1113.12	1583.56
西夏区零星湿地区	96.35	286.23	172.09	2299.75	2854.42

续表

湿地区 ＼ 湿地类型	河流湿地	湖泊湿地	沼泽湿地	人工湿地	合计
永宁县零星湿地区	73.46	594.38	189.88	3339.37	4197.09
贺兰县零星湿地区	89.35	3322.52	1321.84	5632.01	10365.71
灵武市零星湿地区	3113.91	1799.04		1874.54	6787.49
利通区零星湿地区	1661.93	48.57	104.51	794.71	2609.72
青铜峡零星湿地区	2417.65	450.17	593.58	2313.77	5775.17
红寺堡开发区零星湿地区	1798.12	30.12			1828.24
盐池县零星湿地区	1224.00	5964.86	3818.22	567.12	11574.20
同心县零星湿地区	2889.41	89.10	77.74	328.49	3384.74
沙坡头区零星湿地区	1784.14	257.97	239.77	810.47	3092.35
中宁县零星湿地区	2462.87	210.82	378.01	944.92	3996.62
海原县零星湿地区	4782.47	608.16		2591.66	7982.29
原州区零星湿地区	2433.24	8.56		1142.28	3584.08
西吉县零星湿地区	2422.16	32.59	20.93	1379.92	3855.60
隆德县零星湿地区	437.19			438.29	875.48
泾源县零星湿地区	728.23	51.64		56.53	836.40
彭阳县零星湿地区	1258.32			653.83	1912.15
合计	98256.30	33379.03	37501.40	36372.35	205509.08

4 各行政区的湿地类型及面积

根据行政区划，宁夏全区共有 5 个地级市 22 个县、市、区。湿地资源分布由北向南呈递减的趋势，5 个地级市湿地面积占全区的比例分别为：石嘴山市湿地面积 55046.71 公顷，占宁夏湿地总面积的 26.79%；银川市湿地面积 53025.58 公顷，占宁夏湿地总面积的 25.80%；吴忠市湿地面积 51007.80 公顷；占宁夏湿地总面积的 24.82%；中卫市湿地面积 35006.85 公顷，占宁夏湿地总面积的 17.03%；固原市湿地面积 11422.14 公顷，占宁夏湿地总面积的 5.56%。

宁夏县市区湿地总面积排在前三位的是平罗县、盐池县和青铜峡市。

宁夏 22 个县、市（区）湿地分布状况见表 1-3。

表 1-3 宁夏各行政区湿地面积统计表（单位：公顷）

行政区	＼ 湿地类型	河流湿地	湖泊湿地	沼泽湿地	人工湿地	合计
银川市	兴庆区	7785.29	657.17	1197.69	2332.62	11972.77
	金凤区		2239.91	535.50	1780.40	4555.81
	西夏区	96.35	286.23	172.09	2299.75	2854.42
	永宁县	2518.24	1011.85	582.62	3473.44	7586.15
	贺兰县	4351.92	3548.11	1793.70	5632.03	15325.76
	灵武市	6938.15	1917.98		1874.54	10730.67
	合计	21689.95	9661.25	4281.60	17392.78	53025.58

续表

行政区	湿地类型	河流湿地	湖泊湿地	沼泽湿地	人工湿地	合计
吴忠市	利通区	4374.56	584.88	104.51	843.58	5907.53
	青铜峡市	12223.75	1866.82	593.58	2313.77	16997.92
	盐池县	2057.91	9259.15	11042.83	567.12	22927.01
	红寺堡区	1166.20	30.12	594.28		1790.60
	同心县	2889.41	89.10	77.74	328.49	3384.74
	合计	22711.83	11830.07	12412.94	4052.96	51007.80
中卫市	沙坡头区	7313.06	1480.78	2086.60	1206.71	12087.15
	中宁县	10366.16	1616.05	1997.53	957.68	14937.42
	海原县	4782.46	608.16		2591.66	7982.28
	合计	22461.68	3704.99	4084.13	4756.05	35006.85
石嘴山市	大武口区	347.52	2492.50	1617.47	789.52	5247.01
	惠农区	7130.75	921.57	2776.38	1837.60	12666.30
	平罗县	16635.43	4403.33	12222.07	3872.57	37133.40
	合计	24113.70	7817.40	16615.92	6499.69	55046.71
固原市	原州区	2433.24	8.56		1142.28	3584.08
	西吉县	2422.16	305.12	106.81	1379.92	4214.01
	隆德县	437.19			438.31	875.50
	泾源县	728.23	51.64		56.53	836.40
	彭阳县	1258.32			653.83	1912.15
	合计	7279.14	365.32	106.81	3670.87	11422.14
全区合计		98256.30	33379.03	37501.40	36372.35	205509.08

5 宁夏湿地分布特点

根据《中国湿地资源·宁夏卷》，宁夏湿地类型多样，类型分布呈明显的地域性特点。宁夏湿地类型包括河流湿地、湖泊湿地、沼泽湿地等自然湿地和人工湿地4类湿地，永久性河流、永久性湖泊、洪泛平原湿地等14个湿地型，在较小的国土面积范围内集中了多种湿地类型。湿地类型分布明显呈地域相分布特点。北部宁夏平原湿地资源最为丰富，主要分布永久性河流湿地、湖泊湿地和人工湿地；南部黄土丘陵主要分布有河流湿地，零星分布人工水库和堰塞湖，形成独立的湿地水系网络；中部干旱带主要分布有沼泽湿地、湖泊湿地和河流湿地。

6 宁夏湿地分布规律

宁夏湿地分布较广，从南到北均有分布，但湿地类型分布的地域性差异较大。从总体上看，东部地区少于西部地区，中部、南部地区少于北部地区。其中北部宁夏平原区主要分布湖泊湿地和人工湿地，多有人工鱼塘用于养殖。南部山区主要分布有季节性河流湿

地，零星分布人工水库和堰塞湖。中部干旱地区主要分布沼泽湿地和湖泊湿地。

7 宁夏湿地保护状况

宁夏各届政府历来高度重视湿地的保护与建设，始终把保护与修复湖泊湿地当作生态建设的重要工作常抓不懈。2008年1月宁夏批建成立宁夏湿地保护管理中心，2008年11月1日，《宁夏湿地保护条例》颁布实施，为宁夏全区湿地保护管理进入法制化奠定了基础。"十一五"期间，宁夏实施了星海湖、平罗天河湾、银川鸣翠湖和阅海、吴忠滨河以及中卫滨河6个湿地保护恢复项目；"十二五"期间，宁夏围绕"黄河金岸"生态景观线建设，重点实施了黄河沿岸湿地保护与恢复工程、黄河金岸西部湖泊群湿地功能优化等工程，项目建设收到了良好的生态、经济和社会效益。

从宁夏黄河动脉系统到典农河（艾依河）城市静脉系统，从西边的腾格里湖湿地公园到东边的哈巴湖国家自然保护区，从清水河、葫芦河各黄河支流流域，宁夏各个市县区湿地保护和恢复都取得了良好的成绩。截至目前，全区已建成湿地型自然保护区4处，其中国家级1处、自治区级3处，建成湿地公园26处，其中国家级14处、自治区级12处。2019年，宁夏加强了湿地恢复与保护，出台了《宁夏湿地公园管理办法》和《宁夏重要湿地名录及管理办法》，划定湿地保护红线，发布重要湿地28处，基本形成了以湿地型自然保护区、湿地公园为主，其他重要湿地为补充的湿地保护体系，湿地保护率达55%以上。

第二章

宁夏湿地植物多样性

湿地植物泛指生长在湿地环境中的植物。广义的湿地植物是指生长在沼泽地、湿原、泥炭地或者水深不超过 6 米的水域中的植物。狭义的湿地植物是指生长在水陆交汇处，土壤潮湿或者有浅层积水环境中的植物。

从生长环境看，湿地植物可以分为水生、沼生、湿生 3 类；从植物生活类型看，湿地植物可以分为挺水型、浮叶型、沉水型和漂浮型；从植物生长类型看，湿地植物可以分为草本类、灌木类、乔木类。

1　宁夏湿地植物物种组成

根据作者 2009—2019 年调查统计，宁夏分布有湿地植物 191 种，隶属于 44 科 111 属，其中苔藓植物 1 科 1 属 1 种；蕨类植物 3 科 4 属 6 种；被子植物 40 科 106 属 184 种（其中双子叶植物 113 种，27 科 69 属；单子叶植物 71 种，13 科 37 属）。种子植物中有黄菖蒲 *Iris pseudacorus*、莲花 *Nelumbo nucifera*、睡莲 *Nymphaea tetragona*、千屈菜 *Lythrum salicaria* 4 种引进栽培种，其余全部属于野生和自然分布种。

在调查中，我们首次发现了 7 种宁夏新纪录植物，它们是：浮苔 *Ricciocarpus natans*、满江红 *Azolla pinnata* subsp. *asiatica*、蘋 *Marsilea quadrifolia*、齿果酸模 *Rumex dentatus*、紫大麦草 *Hordeum roshevitzii*、片髓灯心草 *Juncus inflexus* 和展苞灯心草 *Juncus thomsonii*。

(1) 科级统计分析

宁夏湿地植物中，含有 20 种以上的科有 2 个，即莎草科 Cyperaceae 和菊科 Asteraceae，占总科数的 4.55%，共有 46 种，隶属 25 属，分别占总属数的 22.52% 和总种数的 24.08%；含 10~19 种的科有 3 个，占总科数的 6.82%，包括藜科 Chenopodiaceae、蓼科 Polygonaceae 和禾本科 Poaceae，共 43 种，隶属 21 属，分别占总属数的 18.92% 和总种数的 22.52%；含 5~9 种的科有 7 个，占总科数的 15.91%，包括毛茛科 Ranunculaceae、十字花科 Brassicaceae、柳叶菜科 Onagraceae、玄参科 Scrophulariaceae、香蒲科 Typhaceae、眼子菜科 Potamogetonaceae 和灯心草科 Juncaceae，共 44 种，隶属 18 属，分别占总属数的 16.22% 和总种数的 23.04 %；含 2~4 种的科有 16 个，占总科数的 36.36%，包括木贼科 Equisetaceae、槐叶蘋科 Salviniaceae、金鱼藻科 Ceratophyllaceae、蔷薇科 Rosaceae、豆科 Fabaceae、柽柳科 Tamaricaceae、小二仙草科 Haloragaceae、伞形科 Apiaceae、报春花科 Primulaceae、龙胆科 Gentianaceae、唇形科 Lamiaceae、车前科 Plantaginaceae、水鳖科 Hydrocharitaceae、水麦冬科 Juncaginaceae、泽泻科 Alismataceae 和浮萍科 Lemnaceae，共 42 种，隶属 31 属，分别占总属数的 27.93% 和总种数的 21.99%；仅含 1 种的科有 16 个，占总科数的 36.36%，包括钱苔科 Ricciaceae、蘋科 Marsileaceae、石竹科 Caryophyllaceae、莲科 Nelumbonaceae、睡莲科 Nymphaeaceae、凤仙花科 Balsaminaceae、千屈菜科 Lythraceae、杉叶藻科 Hippuridaceae、睡菜科 Menyanthaceae、夹竹桃科 Apocynaceae、花荵科 Polemoniaceae、狸藻科 Lentibulariaceae、花蔺科 Butomaceae、菖蒲科 Acoraceae、兰科 Orchidaceae 和鸢尾科 Iridaceae，共 16 种，隶属 16 属，占总属数的 14.41% 和总种数的 8.38%。

（2）属级统计分析

含 6 种的属有 3 个，占总属数的 2.70%，其中，蓼属 *Polygonum* 9 种、柳叶菜属 *Epilobium* 6 种、眼子菜属 *Potamogeton* 6 种。

含 4~5 种的属 6 个，占总属数 5.41%，其中，莎草属 *Cyperus* 5 种、灯心草属 *Juncus* 5 种、酸模属 *Rumex* 4 种、香蒲属 *Typha* 4 种、稗属 *Echinochloa* 4 种、薹草属 *Carex* 4 种、水葱属 *Schoenoplectus* 4 种。

含 3 种的属共 12 个，占总属数的 10.81%，包括木贼属 *Equisetum*、滨藜属 *Atriplex*、盐爪爪属 *Kalidium*、碱蓬属 *Suaeda*、金鱼藻属 *Ceratophyllum*、碱毛茛属 *Halerpestes*、毛茛属 *Ranunculus*、碎米荠属 *Cardamine*、鬼针草属 *Bidens*、橐吾属 *Ligularia*、蒲公英属 *Taraxacum*、荸荠属 *Eleocharis*。

含 2 种的属共 15 个，占总属数的 13.51%，包括蔊菜属 *Rorippa*、委陵菜属 *Potentilla*、水柏枝属 *Myricaria*、狐尾藻属 *Myriophyllum*、马先蒿属 *Pedicularis*、车前属 *Plantago*、风毛菊属 *Saussurea*、苦苣菜属 *Sonchus*、篦齿眼子菜属 *Stuckenia*、茨藻属 *Najas*、水麦冬属 *Triglochin*、泽泻属 *Alisma*、拂子茅属 *Calamagrostis*、隐花草属 *Crypsis*、三棱草属 *Bolboschoenus*。

其余 75 属，每属仅含 1 种，占总属数的 67.57%。有浮苔属 *Ricciocarpus*、蘋属 *Marsilea*、槐叶蘋属 *Salvinia*、满江红属 *Azolla*、藜属 *Chenopodium*、盐穗木属 *Halostachys*、盐角草属 *Salicornia*、牛漆姑属 *Spergularia*、莲属 *Nelumbo*、睡莲属 *Nymphaea*、水毛茛属 *Batrachium*、驴蹄草属 *Caltha*、大豆属 *Glycine*、苜蓿属 *Medicago*、棘豆属 *Oxytropis*、苦马豆属 *Sphaerophysa*、凤仙花属 *Impatiens*、柽柳属 *Tamarix*、千屈菜属 *Lythrum*、柳兰属 *Chamerion*、杉叶藻属 *Hippuris*、葛缕子属 *Carum*、蛇床属 *Cnidium*、水芹属 *Oenanthe*、海乳草属 *Glaux*、报春花属 *Primula*、百金花属 *Centaurium*、龙胆属 *Gentiana*、扁蕾属 *Gentianopsis*、獐牙菜属 *Swertia*、荇菜属 *Nymphoides*、罗布麻属 *Apocynum*、花荵属 *Polemonium*、水棘针属 *Amethystea*、活血丹属 *Glechoma*、薄荷属 *Mentha*、小米草属 *Euphrasia*、疗齿草属 *Odontites*、婆婆纳属 *Veronica*、狸藻属 *Utricularia*、蒿属 *Artemisia*、蓟属 *Cirsium*、旋覆花属 *Inula*、花花柴属 *Karelinia*、莴苣属 *Lactuca*、鸦葱属 *Scorzonera*、华蟹甲属 *Sinacalia*、碱苣属 *Sonchella*、联毛紫菀属 *Symphyotrichum*、碱菀属 *Tripolium*、款冬属 *Tussilago*、苍耳属 *Xanthium*、黑三棱属 *Sparganium*、角果藻属 *Zannichellia*、慈姑属 *Sagittaria*、蔺属 *Butomus*、看麦娘属 *Alopecurus*、荩草属 *Arthraxon*、菌草属 *Beckmannia*、披碱草属 *Elymus*、大麦属 *Hordeum*、赖草属 *Leymus*、芒属 *Miscanthus*、稻属 *Oryza*、芦苇属 *Phragmites*、棒头草属 *Polypogon*、扁穗草属 *Blysmus*、扁莎属 *Pycreus*、蔺藨草属 *Trichophorum*、菖蒲属 *Acorus*、浮萍属 *Lemna*、紫萍属 *Spirodela*、绶草属 *Spiranthes*、鸢尾属 *Iris*。

（3）种级统计分析

191 种水生和湿地植物中，木本类仅有柽柳科 3 种，即柽柳 *Tamarix chinensis*、宽苞水柏枝 *Myricaria bracteata* 和三春水柏枝 *Myricaria paniculata*。其余全部为草本，共有 188 种。

191 种水生和湿地植物中，盐生植物有 18 种，主要分布在沿黄灌区和地势较为低洼的湿地周边，代表物种有盐穗木 *Halostachys caspica*、尖叶盐爪爪 *Kalidium cuspidatum*、盐爪爪 *Kalidium foliatum*、细枝盐爪爪 *Kalidium gracile*、盐角草 *Salicornia europaea*、角果碱蓬 *Suaeda corniculata*、碱蓬 *Suaeda glauca*、盐地碱蓬 *Suaeda salsa*、小花棘豆 *Oxytropis glabra*、苦马豆 *Sphaerophysa salsula*、海乳草 *Glaux maritima*、花花柴 *Karelinia caspia*、盐地风毛菊 *Saussurea salsa*、蒙古鸦葱 *Scorzonera mongolica*、短星菊 *Symphyotrichum ciliatum*、碱菀 *Tripolium pannonicum*、隐花草 *Crypsis aculeata*、蔺状隐花草 *Crypsis schoenoides* 等。

淡水湿地内分布的植物按照生活型可进一步划分为沉水植物、漂浮植物、浮叶植物、挺水植物和湿生植物。常见种类包括：

①沉水植物：金鱼藻 *Ceratophyllum demersum*、五刺金鱼藻 *Ceratophyllum platyacanthum* subsp. *oryzetorum*、细金鱼藻 *Ceratophyllum submersum*、歧裂水毛茛 *Batrachium divaricatrm*、穗状狐尾藻 *Myriophyllum spicatum*、狐尾藻 *Myriophyllum verticillatum*、狸藻 *Utricularia vulgaris*、菹草 *Potamogeton crispus*、穿叶眼子菜 *Potamogeton perfoliatus*、竹叶眼子菜 *Potamogeton wrightii*、丝叶眼子菜 *Stuckenia filiformis*、篦齿眼子菜 *Stuckenia pectinata*、角果藻 *Zannichellia palustris*、大茨藻 *Najas marina*、小茨藻 *Najas minor*。

②漂浮植物：浮苔 *Ricciocarpus natans*、蘋 *Marsilea quadrifolia*、槐叶蘋 *Salvinia natans*、满江红 *Azolla pinnata* subsp. *asiatica*、浮萍 *Lemna minor*、紫萍 *Spirodela polyrhiza*。

③浮叶植物：两栖蓼 *Polygonum amphibium*、睡莲 *Nymphaea tetragona*、荇菜（莕菜）*Nymphoides peltata*、眼子菜 *Potamogeton distinctus*、光叶眼子菜 *Potamogeton lucens*、浮叶眼子菜 *Potamogeton natans*。

④挺水植物：莲花 *Nelumbo nucifera*、黑三棱 *Sparganium stoloniferum*、水烛 *Typha angustifolia*、达香蒲 *Typha davidiana*、长苞香蒲 *Typha domingensis*、小香蒲 *Typha minima*、草泽泻 *Alisma gramineum*、泽泻 *Alisma plantago-aquatica*、野慈姑 *Sagittaria trifolia*、芦苇 *Phragmites australis*、异型莎草 *Cyperus difformis*、头状穗莎草 *Cyperus glomeratus*、卵穗荸荠 *Eleocharis ovata*、沼泽荸荠 *Eleocharis palustris*、具槽秆荸荠 *Eleocharis valleculosa*、剑苞水葱 *Schoenoplectus ehrenbergii*、水葱 *Schoenoplectus tabernaemontani*、三棱水葱 *Schoenoplectus triqueter*、钻苞水葱 *Schoenoplectus subulatus*、菖蒲 *Acorus calamus*、黄菖蒲 *Iris pseudacorus*、花蔺 *Butomus umbellatus*。

⑤湿生植物：问荆 *Equisetum arvense*、木贼 *Equisetum hiemale*、节节草 *Equisetum ramosissimum*、水蓼 *Polygonum hydropiper*、水生酸模 *Rumex aquaticus*、滨藜 *Atriplex patens*、拟漆姑 *Spergularia marina*、驴蹄草 *Caltha palustris*、长叶碱毛茛 *Halerpestes ruthenica*、茴茴蒜 *Ranunculus chinensis*、野大豆 *Glycine soja*、柳叶菜 *Epilobium hirsutum*、杉叶藻 *Hippuris vulgaris*、薄荷 *Mentha canadensis*、北水苦荬 *Veronica anagallis-aquatica*、狼杷草 *Bidens tripartita*、大黄橐吾 *Ligularia duciformis*、款冬 *Tussilago farfara*、海韭菜 *Triglochin maritima*、扁秆荆三棱 *Bolboschoenus planiculmis*、白颖薹草 *Carex duriuscula* subsp. *rigescens*、水莎草 *Cyperus serotinus*、小花灯心草 *Juncus articulatus*、绶草 *Spiranthes sinensis* 等。

2 宁夏湿地种子植物区系组成

（1）区系组成

宁夏湿地植物区系构成中，有苔藓类植物 1 种，即钱苔科 Ricciaceae 浮苔属 Ricciocarpus 植物浮苔 Ricciocarpus natans，其广布于全世界；蕨类植物分布有 3 科 4 属 6 种，分别是木贼属 Equisetum、蘋属 Marsilea、槐叶蘋属 Salvinia 和满江红属 Azolla，都属于世界分布。

根据吴征镒（1991）的中国种子植物属分布类型的划分系统，宁夏重点湿地自然分布的种子植物划分 9 个分布区类型和 5 个变型（表 2-1），占 15 个中国分布区类型的 60%，表明宁夏湿地种子植物在属级水平上地理成分具有一定的多样性。其中以北温带分布及其变型（占总属数的 35.29%）、旧世界温带分布及其变型（占总属数的 11.76%）所占比例较大，表明该区区系和这些地方的密切联系。宁夏湿地种子植物有热带性质的属 43 属，占非世界分布属的 64.18%，有温带性质的属 52 属，占非世界分布属的 77.61%，表现出较为明显的区系过渡性特点和温带区系特征。此外该区域也分布有地中海分布、东亚分布、中国特有等区系种属，表明该区湿地植物的复杂性和过渡性特征。

表 2-1　宁夏湿地种子植物属的分布类型统计表

分布类型	属数	占总属数比例（%）	代表属
1. 世界分布	35	34.31	百金花属 Centaurium、荸荠属 Eleocharis、篦齿眼子菜属 Stuckenia、滨藜属 Atriplex、苍耳属 Xanthium、车前属 Plantago、茨藻属 Najas、灯心草属 Juncus、浮萍属 Lemna、鬼针草属 Bidens、蔊菜属 Rorippa、狐尾藻属 Myriophyllum、碱蓬属 Suaeda、角果藻属 Zannichellia、金鱼藻属 Ceratophyllum、狸藻属 Utricularia、藜属 Chenopodium、蓼属 Polygonum、龙胆属 Gentiana、芦苇属 Phragmites、毛茛属 Ranunculus、牛漆姑属 Spergularia、三棱草属 Bolboschoenus、莎草属 Cyperus、杉叶藻属 Hippuris、水葱属 Schoenoplectus、水麦冬属 Triglochin、酸模属 Rumex、碎米荠属 Cardamine、薹草属 Carex、香蒲属 Typha、荇菜属 Nymphoides、盐角草属 Salicornia、眼子菜属 Potamogeton、紫萍属 Spirodela
2. 泛热带分布	5	4.90	棒头草属 Polypogon、扁莎属 Pycreus、凤仙花属 Impatiens、苦马豆属 Sphaerophysa、稻属 Oryza
6. 热带亚洲至热带非洲分布	3	2.94	大豆属 Glycine、荩草属 Arthraxon、芒属 Miscanthus
8. 北温带分布	27	26.47	稗属 Echinochloa、薄荷属 Mentha、报春花属 Primula、扁蕾属 Gentianopsis、大麦属 Hordeum、风毛菊属 Saussurea、拂子茅属 Calamagrostis、蛇床属 Cnidium、葛缕子属 Carum、海乳草属 Glaux、蒿属 Artemisia、花葱属 Polemonium、活血丹属 Glechoma、棘豆属 Oxytropis、蓟属 Cirsium、碱毛茛属 Halerpestes、碱菀属 Tripolium、苦苣菜属 Sonchus、柳兰属 Chamerion、马先蒿属 Pedicularis、披碱草属 Elymus、蒲公英属 Taraxacum、绶草属 Spiranthes、菵草属 Beckmannia、委陵菜属 Potentilla、小米草属 Euphrasia、泽泻属 Alisma
8-4 北温带和南温带间断	7	6.86	慈姑属 Sagittaria、黑三棱属 Sparganium、柳叶菜属 Epilobium、驴蹄草属 Caltha、婆婆纳属 Veronica、水毛茛属 Batrachium、獐牙菜属 Swertia

分布类型	属数	占总属数比例（%）	代表属
8-5 欧亚和南美洲间断分布	2	1.96	看麦娘属 Alopecurus、赖草属 Leymus
9. 东亚和北美洲间断分布	4	3.92	菖蒲属 Acorus、联毛紫菀属 Symphyotrichum、蔺藨草属 Trichophorum、罗布麻属 Apocynum
10. 旧世界温带分布	9	8.82	柽柳属 Tamarix、花蔺属 Butomus、款冬属 Tussilago、水柏枝属 Myricaria、水棘针属 Amethystea、水芹属 Oenanthe、橐吾属 Ligularia、旋覆花属 Inula、隐花草属 Crypsis
10-1. 地中海区、西亚和东亚间断	1	0.98	鸦葱属 Scorzonera
10-3 欧亚和南非洲（有时也在大洋洲）间断	2	1.96	苜蓿属 Medicago、莴苣属 Lactuca
12. 地中海区，西亚至中亚分布	4	3.92	花花柴属 Karelinia、疗齿草属 Odontites、盐穗木属 Halostachys、盐爪爪属 Kalidium
14. 东亚分布	1	0.98	碱苣属 Sonchella
14-2 中国 – 日本（SJ）	1	0.98	扁穗草属 Blysmus
15 中国特有	1	0.98	华蟹甲属 Sinacalia
合计	102	100	

注：在进行植物区系分析时，只分析自然分布物种，不涉及人工绿化物种。

（2）宁夏湿地种子植物区系特点

①植物区系成分多样，表现出过渡性和温带性特征。中国的种子植物属共有 15 个分布区类型，而此次调查发现，在宁夏湿地自然分布有 9 个类型。世界分布类型有 35 属，占总属数的 34.31%；泛热带、热带亚洲至热带非洲分布 2 个热带分布类型共有 8 属，占总属数的 7.84%；北温带、旧世界温带分布类型共有 52 属，占总属数的 50.98%。其中北温带分布类型就有 36 个属，体现了宁夏湿地种子植物区系明显的温带性质。

②湿地植物中草本占优势，灌木、乔木湿地物种非常缺乏。在宁夏重点湿地的植物调查中，草本植物占绝对优势，有 188 种（含变种），占总数的 98.4%。木本湿地植物非常贫乏，自然分布的有柽柳科 3 种灌木植物。

③世界广布的湿地植物建群作用明显，群落优势度高。不同的生态环境下发育的湿地植物群落组成差异明显，但均有相对明显的优势种，且群落盖度较大。在低湿盐化草甸中，有盐地碱蓬群落、盐爪爪群落、芦苇群落等；沟渠湿地边的芦苇群落、香蒲群落、水莎草群落等；有沟渠中的水生植物群落，如荇菜群落、眼子菜群落、狐尾藻群落、茨藻群落等。

④有一定的隐域性区系和古老性特点。宁夏湿地植被中往往发育着隐域的区系成分或称非地带性的区系成分，如：藨草属 Scirpus、香蒲属 Typha、眼子菜属 Potamogeton、慈姑属 Sagittaria 等都是较为典型的隐域性区系成分。此外从区系上看，宁夏湿地植物种分布有旧世界分布及地中海、西亚至中亚分布，反映了植物区系的古老性。

⑤特有属成分非常低。宁夏湿地植物区系中仅有华蟹甲属 Sinacalia 1 个特有属，且该属主要分布于六盘山湿生环境中。

第三章

宁夏湿地植物资源概述

宁夏湿地类型较为丰富，有湖泊、河流、沼泽、水库、稻田、鱼塘等各种类型，但由于地处我国中部农牧交错的干旱区，受降水、风沙、气温等因素的影响，植物多样性水平很低，可开发利用的植物资源的数量有限，类型较少。通过对宁夏191种湿地植物进行资源统计，并参考刘胜祥关于中国湿地植物资源分类系统（1998）和宁夏野生经济植物（刘慧兰，1991）等资料，我们将宁夏191种湿地植物划分为以下主要类型。

1 水土保持植物类

宽苞水柏枝 *Myricaria bracteata*、三春水柏枝 *Myricaria paniculata*、花花柴 *Karelinia caspia*、倒羽叶风毛菊 *Saussurea runcinata*、盐地风毛菊 *Saussurea salsa*、紫芒披碱草 *Elymus purpuraristatus*、团穗薹草 *Carex agglomerata*、白颖薹草 *Carex duriuscula* subsp. *rigescens*、大理薹草 *Carex rubrobrunnea* var. *taliensis*、川滇薹草 *Carex schneideri*、头状穗莎草 *Cyperus glomeratus*、红鳞扁莎 *Pycreus sanguinolentus*、展苞灯心草 *Juncus thomsonii*、海韭菜 *Triglochin maritima*、水生酸模 *Rumex aquaticus*、异型莎草 *Cyperus difformis*、皱叶酸模 *Rumex crispus*、水莎草 *Cyperus serotinus*、具槽秆荸荠 *Eleocharis valleculosa*、双柱头针蔺 *Trichophorum distigmaticum*、齿果酸模 *Rumex dentatus*、小花灯心草 *Juncus articulatus*、巴天酸模 *Rumex patientia*、中亚滨藜 *Atriplex centralasiatica*、朝天委陵菜 *Potentilla supina*、柳叶刺蓼 *Polygonum bungeanum*、大狼杷草 *Bidens frondosa* 等。

2 盐碱地改良植物类

滨藜 *Atriplex patens*、盐穗木 *Halostachys caspica*、尖叶盐爪爪 *Kalidium cuspidatum*、盐爪爪 *Kalidium foliatum*、细枝盐爪爪 *Kalidium gracile*、盐角草 *Salicornia europaea*、角果碱蓬 *Suaeda corniculata*、碱蓬 *Suaeda glauca*、盐地碱蓬 *Suaeda salsa*、短星菊 *Symphyotrichum ciliatum*、碱菀 *Tripolium pannonicum*、碱小苦苣菜 *Sonchella stenoma*、西伯利亚蓼 *Polygonum sibiricum*、长叶碱毛茛 *Halerpestes ruthenica*、碱毛茛 *Halerpestes sarmentosa* 等。

3 水体净化和抗污染植物类

五刺金鱼藻 *Ceratophyllum platyacanthum* subsp. *oryzetorum*、歧裂水毛茛 *Batrachium divaricatrm*、穗状狐尾藻 *Myriophyllum spicatum*、狐尾藻 *Myriophyllum verticillatum*、杉叶藻 *Hippuris vulgaris*、狸藻 *Utricularia vulgaris*、小茨藻 *Najas minor*、球穗三棱草 *Bolboschoenus affinis*、扁秆荆三棱 *Bolboschoenus planiculmis*、褐穗莎草 *Cyperus fuscus*、花穗水莎草 *Cyperus pannonicus*、剑苞水葱 *Schoenoplectus ehrenbergii*、三棱水葱 *Schoenoplectus triqueter*、达香蒲 *Typha davidiana*、小香蒲 *Typha minima*、草泽泻 *Alisma gramineum*、野慈姑 *Sagittaria trifolia*、两栖蓼 *Polygonum amphibium*、浮苔 *Ricciocarpus natans*、菹草 *Potamogeton crispus*、眼子菜 *Potamogeton distinctus*、光叶眼子菜 *Potamogeton lucens*、浮叶眼子菜 *Potamogeton natans*、穿叶眼子菜 *Potamogeton perfoliatus*、竹叶眼子菜 *Potamogeton wrightii*、丝叶眼子菜 *Stuckenia filiformis*、篦齿眼子

菜 *Stuckenia pectinata*、角果藻 *Zannichellia palustris* 等。

4 野生花卉和景观植物类

莲 花 *Nelumbo nucifera*、睡 莲 *Nymphaea tetragona*、千 屈 菜 *Lythrum salicaria*、柳 兰 *Chamerion angustifolium*、柳叶菜 *Epilobium hirsutum*、苞芽粉报春 *Primula gemmifera*、假水生龙胆 *Gentiana pseudoaquatica*、牛口刺 *Cirsium shansiense*、大黄囊吾 *Ligularia duciformis*、掌叶囊吾 *Ligularia przewalskii*、箭叶囊吾 *Ligularia sagitta*、华蟹甲 *Sinacalia tangutica*、荻 *Miscanthus sacchariflorus*、黄菖蒲 *Iris pseudacorus*、水蓼 *Polygonum hydropiper*、驴蹄草 *Caltha palustris*、大叶碎米荠 *Cardamine macrophylla*、苦马豆 *Sphaerophysa salsula*、水金凤 *Impatiens noli-tangere*、多枝柳叶菜 *Epilobium fastigiatoramosum*、细籽柳叶菜 *Epilobium minutiflorum*、小花柳叶菜 *Epilobium parviflorum*、长籽柳叶菜 *Epilobium pyrricholophum*、滇藏柳叶菜 *Epilobium wallichianum*、荇菜 *Nymphoides peltata*、花荵 *Polemonium caeruleum*、水棘针 *Amethystea caerulea*、小米草 *Euphrasia pectinata*、疗齿草 *Odontites vulgaris*、藓生马先蒿 *Pedicularis muscicola*、穗花马先蒿 *Pedicularis spicata* 等。

5 绿肥植物类

满江红 *Azolla pinnata* subsp. *asiatica*、大茨藻 *Najas marina* 等。

6 淀粉、油脂、野菜植物类

唐古碎米荠 *Cardamine tangutorum*、风花菜 *Rorippa globosa*、沼生蔊菜 *Rorippa palustris*、蕨麻 *Potentilla anserina*、水芹 *Oenanthe javanica*、北水苦荬 *Veronica anagallis-aquatica*、辽东蒿 *Artemisia verbenacea*、乳苣 *Lactuca tatarica*、苦苣菜 *Sonchus oleraceus*、苣荬菜 *Sonchus wightianus*、稻 *Oryza sativa* 等。

7 饲草植物类

尼泊尔蓼 *Polygonum nepalense*、西伯利亚滨藜 *Atriplex sibirica*、金鱼藻 *Ceratophyllum demersum*、细金鱼藻 *Ceratophyllum submersum*、野大豆 *Glycine soja*、天蓝苜蓿 *Medicago lupulina*、海乳草 *Glaux maritima*、蒙古鸦葱 *Scorzonera mongolica*、苇状看麦娘 *Alopecurus arundinaceus*、茵草 *Beckmannia syzigachne*、隐花草 *Crypsis aculeata*、蔺状隐花草 *Crypsis schoenoides*、长芒稗 *Echinochloa caudata*、稗 *Echinochloa crusgalli*、无芒稗 *Echinochloa crusgalli* var. *mitis*、湖南稗子 *Echinochloa frumentacea*、紫大麦草 *Hordeum roshevitzii*、赖草 *Leymus secalinus*、长芒棒头草 *Polypogon monspeliensis*、华扁穗草 *Blysmus sinocompressus*、卵穗荸荠 *Eleocharis ovata*、沼泽荸荠 *Eleocharis palustris*、酸模叶蓼 *Polygonum lapathifolium*、绵毛酸模叶蓼 *Polygonum lapathifolium* var. *salicifolium*、水麦冬 *Triglochin palustris*、荩草 *Arthraxon hispidus*、灰绿藜 *Chenopodium glaucum*、拟漆姑 *Spergularia marina*、小灯心草 *Juncus bufonius* 等。

8 纤维植物类

罗布麻 *Apocynum venetum*、花蔺 *Butomus umbellatus*、细茎灯心草 *Juncus gracilicaulis*、片髓灯心草 *Juncus inflexus*、拂子茅 *Calamagrostis epigeios*、假苇拂子茅 *Calamagrostis pseudophragmites*、钻苞水葱 *Schoenoplectus subulatus*、水葱 *Schoenoplectus tabernaemontani* 等。

9 中草药植物类

问荆 *Equisetum arvense*、木贼 *Equisetum hiemale*、节节草 *Equisetum ramosissimum*、蘋 *Marsilea quadrifolia*、槐叶蘋 *Salvinia natans*、两栖蓼 *Polygonum amphibium*、水蓼 *Polygonum hydropiper*、酸模叶蓼 *Polygonum lapathifolium*、尼泊尔蓼 *Polygonum nipalense*、萹蓄 *Polygonum aviculare*、珠芽蓼 *Polygonum viviparum*、皱叶酸模 *Rumex crispus*、巴天酸模 *Rumex patientia*、中亚滨藜 *Atriplex centralasiatica*、莲花 *Nelumbo nucifera*、金鱼藻 *Ceratophyllum demersum*、驴蹄草 *Caltha palustris*、茴茴蒜 *Ranunculus chinensis*、毛茛 *Ranunculus japonicus*、石龙芮 *Ranunculus sceleratus*、野大豆 *Glycine soja*、天蓝苜蓿 *Medicago lupulina*、苦马豆 *Sphaerophysa salsula*、小花棘豆 *Oxytropis glabra*、柽柳 *Tamarix chinensis*、柳兰 *Chamerion angustifolium*、千屈菜 *Lythrum salicaria*、长籽柳叶菜 *Epilobium pyrricholophum*、杉叶藻 *Hippuris vulgaris*、葛缕子 *Carum carvi*、水芹 *Oenanthe javanica*、湿生扁蕾 *Gentianopsis paludosa*、荇菜 *Nymphoides peltata*、罗布麻 *Apocynum venetum*、花荵 *Polemonium caeruleum*、活血丹 *Glechoma longituba*、薄荷 *Mentha canadensis*、小米草 *Euphrasia pectinata*、疗齿草 *Odontites vulgaris*、藓生马先蒿 *Pedicularis muscicola*、穗花马先蒿 *Pedicularis spicata*、北水苦荬 *Veronica anagallis-aquatica*、车前 *Plantago asiatica*、大车前 *Plantago major*、小花鬼针草 *Bidens parviflora*、狼杷草 *Bidens tripartita*、旋覆花 *Inula japonica*、苦苣菜 *Sonchus oleraceus*、多裂蒲公英 *Taraxacum dissectum*、蒲公英 *Taraxacum mongolicum*、华蒲公英 *Taraxacum sinicum*、款冬 *Tussilago farfara*、苍耳 *Xanthium strumarium*、黑三棱 *Sparganium stoloniferum*、水烛 *Typha angustifolia*、达香蒲 *Typha davidiana*、长苞香蒲 *Typha domingensis*、小香蒲 *Typha minima*、眼子菜 *Potamogeton distinctus*、穿叶眼子菜 *Potamogeton perfoliatus*、篦齿眼子菜 *Stuckenia pectinata*、海韭菜 *Triglochin maritima*、水麦冬 *Triglochin palustris*、泽泻 *Alisma plantago-aquatica*、野慈姑 *Sagittaria trifolia* var. *angusti-folia*、荩草 *Arthraxon hispidus*、稗 *Echinochloa crusgalli*、赖草 *Leymus secalinus*、芦苇 *Phragmites australis*、水葱 *Schoenoplectus tabernaemontani*、菖蒲 *Acorus calamus*、浮萍 *Lemna minor*、紫萍 *Spirodela polyrhiza*、绶草 *Spiranthes sinensis* 等。

第四章

宁夏湿地植物生物学特性及资源价值

浮苔 *Ricciocarpus natans* ｜ 钱苔科 Ricciaceae　浮苔属 *Ricciocarpus*

形态特征： 叶状体中等大小，长 4~10 毫米，宽 4~10 毫米，暗绿色或带紫色，一般呈三角状心形；叉状分枝；多漂浮于水面，有时土生。叶状体气室多层；背面表皮具不明显气孔，口部周围细胞不异形；中央常凹陷成沟；腹面具多数大形鳞片，长剑形，长约 5 毫米，边缘具齿。雌雄同株，有时异株。精子器与颈卵器散生，埋于叶状体的组织中。孢蒴成熟时蒴壁破碎、腐失；蒴壁无环纹加厚；无蒴柄和基足。孢子球形，较大，直径 45~55 微米，一般少见。弹丝缺失。

生长习性： 喜阴湿，不开花，没有种子，用孢子繁殖。

分布与生境： 仅见于青铜峡市。生于含肥料丰富的沟渠中。

主要化学成分： 不明确。

用途： 不明确。

问荆 *Equisetum arvense* | 木贼科 Equisetaceae 木贼属 *Equisetum*

别名：节节草、土麻黄。

形态特征：小型蕨类植物。根茎黑棕色，地上枝当年枯萎。枝二型。高可达35厘米，黄棕色，鞘筒栗棕色或淡黄色，狭三角形，孢子散后能育枝枯萎。不育枝后萌发，鞘齿三角形，宿存。侧枝柔软纤细，扁平状，孢子囊穗圆柱形，顶端钝，成熟时柄伸长。

生长习性：对气候、土壤有较强的适应性。喜湿润而光线充足的环境，生长适温白天为18~24℃，夜间7~13℃，要求中性土壤。

分布与生境：全区有分布。生于溪边或阴谷，常见于河道沟渠旁、疏林、荒野和路边，潮湿的草地、沙土地、耕地、山坡及草甸等处。

主要化学成分：地上部分含酚酸、水溶性酸类、黄酮类化合物等。

用途：①药用。地上部入药。具有清热、凉血、止咳、利尿的功效。主治鼻衄、吐血、咯血、便血、崩漏、外伤出血、咳嗽气喘、淋病、目赤翳膜。②食用。可用于制茶。③其他。可用于开发植物源除草剂。

木贼 *Equisetum hiemale* ｜ 木贼科 Equisetaceae　木贼属 *Equisetum*

别名：锉草、笔头草、笔筒草。

形态特征：大型蕨类。根茎横走或直立，黑棕色，节和根有黄棕色长毛。地上枝多年生。枝一型，高达 1 米或更多，中部直径（3~）5~9 毫米，节间长 5~8 厘米，绿色，不分枝或基部有少数直立侧枝。地上枝有脊 16~22，脊背部弧形或近方形，有小瘤 2 行；鞘筒长 0.7~1 厘米，黑棕色或顶部及基部各有一圈或顶部有一圈黑棕色，鞘齿 16~22，披针形，长 3~4 毫米，先端淡棕色，膜质，芒状，早落，下部黑棕色，薄革质，基部背面有 4 纵棱，宿存或同鞘筒早落。孢子囊穗卵状，长 1~1.5 厘米，径 5~7 毫米，顶端有小尖突，无柄。

生长习性：喜阴湿的环境。

分布与生境：分布于六盘山。生于河岸湿地、溪边或山坡林下阴湿处。

主要化学成分：含琥珀酸、延胡索酸、戊二酸甲酯、对羟基苯甲酸、咖啡酸、山奈酚、槲皮素、山奈酚 3,7- 二葡萄糖苷、山奈酚 -3- 葡萄糖 -7- 双葡萄糖苷、棉黄苷、犬问荆碱、阿魏酸、香荚兰醛、对羟基苯甲醛等。

用途：药用。地上部入药。具有疏风散热、解肌、退翳功效。主治目生云翳、迎风流泪、肠风下血、血痢、脱肛、疟疾、喉痛、痈肿。

节节草 *Equisetum ramosissimum* ｜ 木贼科 Equisetaceae　木贼属 *Equisetum*

别名：土木贼、锁眉草、笔杆草、土麻黄。

形态特征：根茎细长，黑褐色。茎细弱，绿色，基部多分枝，上部少分枝或不分枝，粗糙具条棱。叶鳞片状，轮生，基部联合成鞘状。孢子囊长圆形，有小尖头；孢子叶6角形，中央凹入。

生长习性：多年生草本蕨类植物。以根茎或孢子繁殖。根茎3月发芽，4月产孢子囊穗，成熟后散落，萌发，成为秋天杂草。

分布与生境：全区有分布。生于河道沟渠旁、路边或潮湿的草地。

主要化学成分：山奈酚-3-槐糖苷、山奈酚-3-槐糖-7-葡萄糖苷、山奈酚-3-双葡萄糖苷、芹菜素、木犀草黄素、果糖、葡萄糖、豆甾醇等。

用途：药用。地上部入药。具有疏风散热、解肌退热功能。临床可治疗尖锐湿疣、牛皮癣等。

备注：该物种全株有毒。

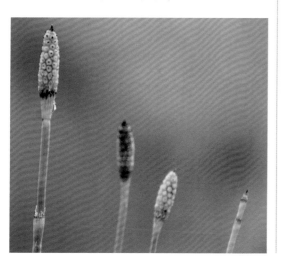

蘋 *Marsilea quadrifolia* | 蘋科 Marsileaceae 蘋属 *Marsilea*

别名：田字草、破铜钱、四叶菜、叶合草。

形态特征：根状茎细长横走，分枝，茎节远离，向上发出一至数枚叶子。叶片由 4 片倒三角形的小叶组成，呈十字形，外缘半圆形，全缘，草质。孢子果双生或单生于短柄上，着生于叶柄基部，长椭圆形，褐色，木质，坚硬。每个孢子果内含多数孢子囊，大小孢子囊同生于孢子囊托上，小孢子囊内有多数小孢子。

生长习性：生长于水田或池塘中，孢子期多在夏秋。

分布与生境：仅见于银川市。分布于典农河。

主要化学成分：不明确。

用途：①药用。全草药用。具有清热、利水、解毒、止血等功效。主治风热目赤、肾炎、肝炎、疟疾、消渴、吐血、衄血、热淋、尿血、痈疮、瘰疬。②饲料。

槐叶蘋 *Salvinia natans* | 槐叶蘋科 Salviniaceae 槐叶蘋属 *Salvinia*

别名：槐叶苹、蜈蚣萍。

形态特征：小型漂浮植物。茎细长而横走，被褐色节状毛。三叶轮生，上面二叶漂浮水面，形如槐叶，长圆形或椭圆形，长 0.8~1.4 厘米，宽 5~8 毫米，顶端钝圆，基部圆形或稍呈心形，全缘；叶柄长 1 毫米或近无柄；叶脉斜出，在主脉两侧有小脉 15~20 对，每条小脉上面有 5~8 束白色刚毛；叶草质，上面深绿色，下面密被棕色茸毛；下面一叶悬垂水中，细裂成线状，被细毛，形如须根，起着根的作用。孢子果 4~8 个簇生于沉水叶的基部，表面疏生成束的短毛，小孢子果表面淡黄色，大孢子果表面淡棕色。

生长习性：多年生根退化型的浮水性蕨类植物，喜温暖、光照充足的环境。生长适温为 20~35℃，在 10℃ 以下停止生长，超过 35℃ 及 5℃ 以下则生长不良。

分布与生境：分布于银川及周边市区。生于水渠、沟塘、湖边静水处。

主要化学成分：不明确。

用途：药用。全草入药。具有清热解毒、活血止痛等功效。主治痈肿疔毒、瘀血肿痛、烧烫伤。

满江红 *Azolla pinnata* subsp. *asiatica* | 槐叶蘋科 Salviniaceae 满江红属 *Azolla*

形态特征：小型漂浮植物。植物体呈卵形或三角状，根状茎细长横走，侧枝腋生，假二歧分枝，向下生须根。叶小如芝麻，互生，无柄，覆瓦状排列成两行，叶片深裂分为背裂片和腹裂片两部分，背裂片长圆形或卵形，肉质，绿色，但在秋后常变为紫红色；腹裂片贝壳状，无色透明，或饰有淡紫红色，斜沉水中。孢子果双生于分枝处，大孢子果体积小，长卵形，顶部喙状，内藏一个大孢子囊，大孢子囊只产一个大孢子，大孢子囊有9个浮膘，分上下两排附生在孢子囊体上，上部3个较大，下部6个较小；小孢子果体积较大，球圆形或桃形，顶端有短喙，果壁薄而透明，内含多数具长柄的小孢子囊，每个小孢子囊内有64个小孢子，分别埋藏在5~8块无色海绵状的泡胶块上，泡胶块上有丝状毛。

生长习性：常和鱼腥藻共生，生长温辐宽、繁殖速度快、产量高、适应能力强，漂浮于水面。

分布与生境：首次发现于银川市第四排水沟。

主要化学成分：含粗蛋白质21%以上，粗脂肪2.57%，粗纤维14.6%，无氮浸出物50.97%。

用途：①饲料。②肥料。本植物体和蓝藻共生，是优良的绿肥。③药用。全草药用。能发汗、利尿、祛风湿、治顽癣。

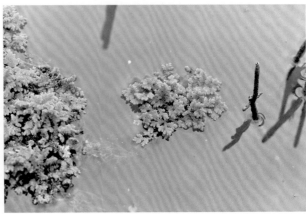

两栖蓼 *Polygonum amphibium* | 蓼科 Polygonaceae 蓼属 *Polygonum*

别名：扁蓄蓼、湖蓼。

形态特征：水生茎漂浮，全株无毛，节部生根；叶浮于水面，长圆形或椭圆形，长 5~12 厘米，基部近心形；叶柄长 0.5~3 厘米，托叶鞘长 1~1.5 厘米，无缘毛。陆生茎高达 60 厘米，不分枝或基部分枝；叶披针形或长圆状披针形，长 6~14 厘米，先端尖，基部近圆，两面被平伏硬毛，具缘毛；叶柄长 3~5 毫米，托叶鞘长 1.5~2 厘米，疏被长硬毛，具缘毛。穗状花序长 2~4 厘米；苞片漏斗状；花被 5 深裂，淡红或白色，花被片长椭圆形；雄蕊 5；花柱 2，较花被长。瘦果近球形，扁平，双凸，径 2.5~3 毫米，包于宿存花被内。

生长习性：多年生草本。喜光，多单一物种群聚，花期 7~8 月，果期 8~9 月。

分布与生境：分布于银川及周边灌区。生于湖泊边缘的浅水中，或沟边及田边湿地。

主要化学成分：全草含萹蓄甙、金丝桃甙、槲皮黄甙、木犀草素 –7– 葡萄糖甙、槲皮素、山柰酚、芸香甙、酒石酸、苹果酸、柠檬酸、咖啡酸、绿原酸和 13 种氨基酸等。

用途：①药用。全草入药。具有清热利湿、解毒功效。主治浮肿、痢疾、尿血、潮热、多汗、疔疮、无名肿毒。②景观植物。宜用于水景观赏。

萹蓄 *Polygonum aviculare* | 蓼科 Polygonaceae　蓼属 *Polygonum*

别名：扁竹、竹节草、猪牙草。

形态特征：茎平卧、上升或直立，高10~40厘米，自基部多分枝，具纵棱。叶椭圆形，狭椭圆形或披针形，长 1~4 厘米，宽 3~12 毫米，顶端钝圆或急尖，基部楔形，边缘全缘，两面无毛，下面侧脉明显；叶柄短或近无柄，基部具关节；托叶鞘膜质，下部褐色，上部白色，撕裂脉明显。花单生或数朵簇生于叶腋，遍布于植株；苞片薄膜质；花梗细，顶部具关节；花被 5 深裂，花被片椭圆形，长 2~2.5 毫米，绿色，边缘白色或淡红色；雄蕊 8，花丝基部扩展；花柱 3，柱头头状。瘦果卵形，具 3 棱，长 2.5~3 毫米，黑褐色，密被由小点组成的细条纹，无光泽，与宿存花被近等长或稍超过。

生长习性：一年生草本。对气候的适应性强，寒冷山区或温暖平坝都能生长。土壤以排水良好的砂质壤土较好。花期 5~7月，果期 6~8 月。

分布与生境：全区各地均有分布。多生长于水渠、田埂或道路旁。

主要化学成分：①黄酮类成分。槲皮素、萹蓄甙、槲皮甙、牡荆素、异牡荆素、木犀草素、鼠李素 -3- 半乳糖甙、金丝桃甙等。②香豆精类成分。伞形花内酯、东莨菪素。③酸性成分。阿魏酸、芥子酸、香草酸、丁香酸、草木犀酸、对香豆酸、对羟基苯甲酸、龙胆酸、咖啡酸、原儿茶酸、没食子酸、对羟基苯乙酸、绿原酸、水杨酸、并没食子酸、右旋儿茶精、草酸、硅酸等。④其他。葡萄糖、果糖、蔗糖、水溶性多糖。

用途：药用。全草入药。具有利尿、清热、杀虫功效。可治疗泌尿系感染、结石、血尿；杀虫，止痒。亦可煎汤外洗治疗皮肤疮疹、瘙痒。

柳叶刺蓼 *Polygonum bungeanum* | 蓼科 Polygonaceae 蓼属 *Polygonum*

形态特征: 植株高达90厘米。茎具纵棱, 疏被倒生皮刺, 皮刺长1~1.5毫米。叶披针形或窄椭圆形, 长3~10厘米, 宽1~3厘米, 先端尖, 基部楔形, 两面被平伏硬毛, 边缘具缘毛; 叶柄长0.5~1厘米, 密被平伏硬毛; 托叶鞘筒状, 顶端平截, 具长缘毛。花序穗状, 长5~9厘米, 分枝, 下部间断, 花序梗密被腺毛; 苞片漏斗状, 无毛, 有时具腺毛, 无缘毛。花梗较苞片稍长, 花被5深裂, 白或淡红色, 花被片椭圆形, 长3~4毫米; 雄蕊7~8, 较花被短; 花柱2, 中下部连合。瘦果近球形, 扁平, 双凸, 黑色, 无光泽, 长约3毫米, 包于宿存花被内。

生长习性: 一年生草本。花期7~8月, 果期8~9月。

分布与生境: 引黄灌区普遍分布。生于渠沟边、池沼地以及低洼湿地。

主要化学成分: 不明确。

用途: 不明确。

水蓼 *Polygonum hydropiper* | 蓼科 Polygonaceae　蓼属 *Polygonum*

别名：辣柳菜、辣蓼。

形态特征：植株高达 70 厘米。茎直立，多分枝，无毛。叶披针形或椭圆状披针形，长 4~8 厘米，先端渐尖，基部楔形，具缘毛，两面无毛，有时沿中脉被平伏硬毛，叶腋具闭花受精花；叶柄长 4~8 毫米，托叶鞘长 1~1.5 厘米，疏被平伏硬毛，顶端平截，具缘毛。穗状花序下垂，花稀疏；苞片漏斗状，绿色，边缘膜质，具缘毛；花被（4）5 深裂，绿色，上部白或淡红色，具黄色透明腺点，花被片椭圆形，长 3~3.5 毫米；雄蕊较花被短；花柱 2~3。瘦果卵形，长 2~3 毫米，扁平，双凸或具 3 棱，密被小点，包于宿存花被内。

生长习性：一年生草本。耐阴、耐水湿。花期 5~9 月，果期 6~10 月。

分布与生境：全区均有分布。生于水渠、沟塘、河湖边。

主要化学成分：①水蓼全草含水蓼二醛、异水蓼二醛、密叶辛木素、水蓼酮、水蓼素 –7– 甲醚、水蓼素、槲皮素、槲皮甙、槲皮黄甙、金丝桃甙、顺 / 反阿魏酸、顺 / 反芥子酸、香草酸、丁香酸、草木犀酸、顺 / 反对香豆酸、对羟基苯甲酸、龙胆酸、顺 / 反咖啡酸、原儿茶酸、没食子酸、对羟基苯乙酸、绿原酸、水杨酸、并没食子酸。②地上部分还含有甲酸、乙酸、丙酮酸、缬草酸、葡萄糖醛酸、半乳糖醛酸以及焦性没食子酸和微量元素。其茎和叶中含有槲皮素、槲皮素 –7–O– 葡萄糖甙、β – 谷甾醇葡萄糖甙，及少量生物碱和 D– 葡萄糖。

用途：①药用。全草入药。具有消肿解毒、利尿、止痢之效。主治痧秽腹痛、吐泻转筋、泄泻、痢疾、风湿、脚气、痈肿、疥癣、跌打损伤。②其他。可作农药。

酸模叶蓼 *Polygonum lapathifolium* | 蓼科 Polygonaceae 蓼属 *Polygonum*

别名：大马蓼、柳叶蓼。

形态特征：植株高达 90 厘米。茎直立，分枝，无毛，节部膨大。叶披针形或宽披针形，长 5~15 厘米，宽 1~3 厘米，先端渐尖或尖，基部楔形，上面常具黑褐色新月形斑点，两面沿中脉被平伏硬毛，具粗缘毛；叶柄短，被平伏硬毛，托叶鞘长 1.5~3 厘米，无毛，顶端平截。数个穗状花序组成圆锥状，花序梗被腺体；苞片漏斗状，疏生缘毛；花被 4（5）深裂，淡红或白色，花被片椭圆形，顶端分叉，外弯；雄蕊 6；花柱 2。瘦果宽卵形，扁平，双凹，长 2~3 毫米，黑褐色，包于宿存花被内。

生长习性：一年生草本。适应性较强，生于低洼湿地或水边。花期 6~8 月，果期 7~9 月。

分布与生境：分布于引黄灌区各市县。生于田边、路旁、水边、荒地或沟边湿地。

主要化学成分：不明确。

用途：药用。地上部入药。具有消肿止痛、止泻等功效。用于治疗泄泻、痢疾、湿疹。

绵毛酸模叶蓼 *Polygonum lapathifolium* var. *salicifolium*

蓼科 Polygonaceae　蓼属 *Polygonum*

形态特征：系酸模叶蓼变种。植株高达 60~90 厘米。茎直立，分枝，无毛，节部膨大。叶披针形或宽披针形，长 5~15 厘米，宽 1~3 厘米，先端渐尖或尖，基部楔形，叶下面密生白色绵毛，上面常具黑褐色新月形斑点，两面沿中脉被平伏硬毛，具粗缘毛；叶柄短，被平伏硬毛，托叶鞘长 1.5~3 厘米，无毛，顶端平截。数个穗状花序组成圆锥状，花序梗被腺体；苞片漏斗状，疏生缘毛。花被 4（5）深裂，淡红或白色，花被片椭圆形，顶端分叉，外弯；雄蕊 6；花柱 2。瘦果宽卵形，扁平，双凹，长 2~3 毫米，黑褐色，包于宿存花被内。

生长习性：一年生草本。花期 6~8 月，果期 7~9 月。

分布与生境：分布于引黄灌区各市县。生于湖边、沟渠边。

主要化学成分：不明确。

用途：药用。全草药用。具有解毒、健脾、化湿、活血、截疟之功效。常用于治疗疮疡肿痛、暑湿腹泻、肠炎痢疾、小儿疳积、跌打伤疼、疟疾。

尼泊尔蓼 *Polygonum nepalense* | 蓼科 Polygonaceae 蓼属 *Polygonum*

形态特征：植株高达40厘米。茎外倾或斜上，基部分枝，无毛或节部疏被腺毛。茎下部叶卵形或三角状卵形，长3~5厘米，先端尖，基部宽楔形，沿叶柄下延成翅，两面无毛或疏被刺毛，疏生黄色透明腺点，茎上部叶较小；叶柄长1~3厘米，上部叶近无柄或抱茎，托叶鞘筒状，长0.5~1厘米，无缘毛，基部被刺毛。花序头状，基部常具1叶状总苞片，花序梗上部被腺毛；苞片卵状椭圆形，无毛；花梗较苞片短；花被4裂，淡红或白色，花被长圆形，长2~3毫米；雄蕊5~6，花药暗紫色；花柱2，中上部连合。瘦果宽卵形，扁平，双凸，长2~2.5毫米，黑色，密生洼点，包于宿存花被内。

生长习性：一年生草本。喜阴。花期5~8月，果期7~10月。

分布与生境：分布于固原市各县区。生于水边、田边，路旁湿地。

主要化学成分：不明确。

用途：①药用。全草入药，性平，味酸、涩，具有收敛固肠功用。用于治疗红白痢疾、大便溏泄。②饲料。

西伯利亚蓼 *Polygonum sibiricum* | 蓼科 Polygonaceae　蓼属 *Polygonum*

别名：剪刀股。

形态特征：植株高 25 厘米。根茎细长。茎基部分枝，无毛。叶长椭圆形或披针形，长 5~13 厘米，基部戟形或楔形，无毛；叶柄长 0.8~1.5 厘米，托叶鞘筒状，膜质，无毛。圆锥状花序顶生，花稀疏，苞片漏斗状，无毛；花梗短，中上部具关节；花被 5 深裂，黄绿色，花被片长圆形，长约 3 毫米；雄蕊 7~8，花丝基部宽；花柱 3，较短。瘦果卵形，具 3 棱，黑色，有光泽，包于宿存花被内或稍突出。

生长习性：多年生草本，耐盐碱，花期 6~7 月，果期 8~9 月。

分布与生境：全区均有分布。生于路边、湖边、河滩、山谷湿地、砂质盐碱地。

主要化学成分：块茎含呋喃甾烷醇糖苷和螺甾烷醇糖苷。

用途：全草药用。具有疏风清热、利水消肿功效。用于治疗目赤肿痛、皮肤湿痒、水肿、腹水。

珠芽蓼 *Polygonum viviparum* | 蓼科 Polygonaceae 蓼属 *Polygonum*

形态特征： 植株高 50 厘米左右。根茎肥厚。茎不分枝，常 1~4 自根茎生出。基生叶长圆形或卵状披针形，长 3~10 厘米，先端尖或渐尖，基部圆、近心形或楔形，无毛，边缘脉端增厚，外卷，叶柄长；茎生叶披针形，近无柄，托叶鞘筒状，下部绿色，上部褐色，偏斜，无缘毛。花序穗状，紧密，下部生珠芽；苞片卵形，膜质；花梗细；花被 5 深裂，白或淡红色，花被片椭圆形，长 2~3 毫米；雄蕊 8，花丝不等长；花柱 3。瘦果卵形，具 3 棱，深褐色，有光泽，包于宿存花被内。

生长习性： 多年生草本。在生长季节内，对温度较为敏感，在阳光充足的山地阳坡、低洼向阳沟谷、海拔较低的地区，生长旺盛。对水分和土壤条件要求较严格，不耐干旱与瘠薄土壤，适生于潮湿、土层深厚且富含有机质的高山、亚高山草甸土上。一般在 6 月开花，7~8 月结实，9 月初枯黄进入冬眠。

分布与生境： 分布于固原市各县区。生于水边、沼泽草地或山坡阴湿处。

主要化学成分： 不明确。

用途： ①药用。根状茎入药。具有清热解毒、止血散瘀功效。主治扁桃体炎、咽喉炎、肠炎、痢疾、白带、崩漏、便血；外用治跌打损伤、痈疖肿毒、外伤出血。②饲料。可作为牛、羊、马的优质饲料。③其他。根茎可提制栲胶或酿酒。

水生酸模 *Rumex aquaticus* | 蓼科 Polygonaceae 酸模属 *Rumex*

形态特征：茎直立，具槽，上部具伏毛，分枝，高 60~150 厘米，叶柄有沟，长达 30 厘米；下部叶较大，卵形或长圆状卵形，长达 30 厘米，宽达 15 厘米，基部心形，先端渐尖，上部叶具短柄，较狭小，长圆形或广披针形，基部心形。顶生狭圆锥花序分枝多，每个分枝呈总状，多花轮生，枝紧密，基部具少数叶；外花被片长圆形，钝头，比内花被片小 1 半左右，内花被片长圆状卵形或广卵形或卵形，长 5~6 毫米，宽几与长相等，基部截形，全缘或下部有锯齿，无小瘤。

生长习性：多年生草本。花期和果期 6~7 月。

分布与生境：分布于六盘山及西吉县火石寨。生于河谷溪流边。

主要化学成分：不明确。

用途：药用。根入药，治消化不良和急性肝炎。

皱叶酸模 *Rumex crispus* | 蓼科 Polygonaceae 酸模属 *Rumex*

别名：牛耳大黄根、羊蹄。

形态特征：植株高达1米。茎常不分枝，无毛。基生叶披针形或窄披针形，长10~25厘米，宽2~5厘米，先端尖，基部楔形，边缘皱波状，无毛，叶柄稍短于叶片；茎生叶窄披针形，具短柄。花两性；花序窄圆锥状，分枝近直立；花梗细，中下部具关节；外花被片椭圆形，长约1毫米；内花被片果时增大，宽卵形，长4~5毫米，基部近平截，近全缘，全部具小瘤，稀1片具小瘤，小瘤卵形，长1.5~2毫米。瘦果卵形，具3锐棱。

生长习性：多年生草本。喜冷凉湿润气候。花期5~6月，果期6~7月。

分布与生境：全区均有分布。生于田边路旁湿地或水边。

主要化学成分：不明确。

用途：①药用。根入药，具有清热解毒、止血、通便、杀虫功效。主治鼻出血、子宫出血、血小板减少性紫癜、大便秘结等；外用治外痔、急性乳腺炎、黄大疮、疖肿、皮癣等。②食用。嫩叶可食用。③其他。根、叶含鞣质，可提制栲胶。

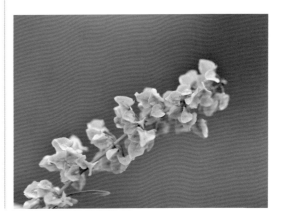

齿果酸模 *Rumex dentatus* | 蓼科 Polygonaceae 酸模属 *Rumex*

形态特征：植株高达 70 厘米。茎下部叶长圆形或长椭圆形，长 4~12 厘米，基部圆或近心形，边缘浅波状；茎生叶较小，叶柄长 1.5~5 厘米。花两性，黄绿色；花簇轮生，花序总状，顶生及腋生，数个组成圆锥状；花梗中下部具关节；外花被片椭圆形，长约 2 毫米，内花被片果时增大，三角状卵形，长 3.5~4 毫米，宽 2~2.5 毫米，基部近圆，具小瘤，小瘤长 1.5~2 毫米，每侧具 2~4 刺状齿，齿长 1.5~2 毫米。瘦果卵形，具 3 锐棱，长 2~2.5 毫米。

生长习性：一年生草本。花期 5~6 月，果期 6~7 月。

分布与生境：分布于引黄灌区的中宁、中卫、银川等地。生长于水渠、滩涂等。

主要化学成分：大黄酚、大黄素、芦荟大黄素、大黄素甲醚、植物甾醇、植物甾醇酯和游离脂肪酸。

用途：药用。根叶可药用。有祛毒、清热、杀虫、治癣的功效。主治乳痈、疮疡肿毒、疥癣。

巴天酸模 *Rumex patientia* | 蓼科 Polygonaceae 酸模属 *Rumex*

形态特征： 根肥厚，直径可达 3 厘米；茎直立，粗壮，高 90~150 厘米，上部分枝，具深沟槽。基生叶长圆形或长圆状披针形，长 15~30 厘米，宽 5~10 厘米，顶端急尖，基部圆形或近心形，边缘波状；叶柄粗壮，长 5~15 厘米；茎上部叶披针形，较小，具短叶柄或近无柄；托叶鞘筒状，膜质，长 2~4 厘米，易破裂。花序圆锥状，大型；花两性；花梗细弱，中下部具关节；关节果时稍膨大，外花被片长圆形，长约 1.5 毫米，内花被片果时增大，宽心形，长 6~7 毫米，顶端圆钝，基部深心形，边缘近全缘，具网脉，全部或一部具小瘤；小瘤长卵形，通常不能全部发育。瘦果卵形，具 3 锐棱，顶端渐尖，褐色，有光泽，长 2.5~3 毫米。

生长习性： 多年生草本。花期 5~6 月，果期 6~7 月。

分布与生境： 分布于贺兰山、六盘山、西吉县火石寨。生于路边、湿地、沟边及村庄附近。

主要化学成分： 不明确。

用途： ①药用。根、叶可入药，能活血散瘀、止血、清热解毒、润肠通便。主治痢疾、泄泻、肝炎、跌打损伤、大便秘结、痈疮疥癣。②食用。嫩叶可食用。③其他。根含鞣质，可提制栲胶。种子可榨油。

中亚滨藜 *Atriplex centralasiatica* │ 藜科 Chenopodiaceae 滨藜属 *Atriplex*

形态特征：植株高 50 厘米左右。茎常基部分枝，钝四棱形，被粉粒。叶卵状三角形或菱状卵形，长 2~3 厘米，宽 1~2.5 厘米，上面灰绿色，无粉粒或稍被粉粒，下面灰白色，密被粉粒；叶柄长 2~6 毫米。雌雄花混合成簇，腋生；雄花花被 5 深裂，裂片宽卵形，雄蕊 5，花药宽卵形或短长圆形，长约 0.4 毫米；雌花苞片半圆形，边缘下部合生，果时长 6~8 毫米，宽 0.7~1 厘米，近基部中心部鼓胀并木质化，具多数疣状或软棘状附属物，缘部草质，具不等大三角状牙齿；苞柄长 1~3 毫米。种子宽卵形或圆形，径 2~3 毫米，黄褐或红褐色。

生长习性：一年生草本。喜湿。耐盐。花果期 7~9 月。

分布与生境：引黄灌区及盐池、同心等地普遍分布。多生于潮湿盐碱滩地或渠沟旁。

主要化学成分：不明确。

用途：①药用。果实可入药，能祛风、明目、疏肝解郁。主治目赤多泪和头目眩晕、皮肤风痒、湿疹、疮疥、胸胁不舒、乳闭不通等症。②饲料。全草可作为饲草。

滨藜 *Atriplex patens* | 藜科 Chenopodiaceae 滨藜属 *Atriplex*

形态特征： 植株高 60 厘米左右。茎直立或外倾，无粉粒或稍有粉粒，具色条及条棱，常上部分枝；枝斜上。叶线形或披针形，长 3~9 厘米，宽 0.4~1 厘米，先端渐尖，基部渐窄，两面均绿色，无粉粒或稍有粉粒，具不规则弯锯齿，或近全缘。雌雄花混合成簇，在茎枝上部集成穗状圆锥状花序；雄花花被 4~5 裂，雄蕊与花被裂片同数；雌花苞片果时菱形或卵状菱形，长约 3 毫米，宽约 2.5 毫米，先端尖或短渐尖，下半部边缘合生，上部具细锯齿，被粉粒，有时有疣状突起。种子二型，圆形，扁平，种皮膜质，或双凸镜形，种皮薄壳质，黑或红褐色，具细纹饰。

生长习性： 一年生草本。喜湿，耐盐碱。花果期 8~10 月。

分布与生境： 分布于引黄灌区。多生于盐碱地或砂土上。

主要化学成分： 不明确。

用途： 盐碱地改良。

备注： 有毒植物。人接触或食后，经强烈日光的照晒，裸露皮肤先有刺痒、麻木感，后引起浮肿，以面部、前臂、手部较明显，严重时浮肿面积扩大，出现瘀斑，由鲜红至灰白色，严重者出现浆液性水泡甚至血疮。

西伯利亚滨藜 *Atriplex sibirica* │ 藜科 Chenopodiaceae 滨藜属 *Atriplex*

形态特征：植株高 50 厘米左右。茎常基部分枝；枝外倾或斜伸，钝四棱形，被粉粒。叶卵状三角形或菱状卵形，长 3~5 厘米，宽 1.5~3 厘米，先端微钝，基部圆或宽楔形，具疏锯齿，近基部的 1 对齿较大，或具 1 对浅裂片，上面灰绿色，无粉粒或稍被粉粒，下面灰白色，密被粉粒；叶柄长 3~6 毫米。雌雄花混合成簇，腋生；雄花花被 5 深裂，裂片宽卵形或卵形，雄蕊 5，花药宽卵形或短长圆形，长约 0.4 毫米；雌花苞片连成筒状，果时膨胀，木质化，稍倒卵形，长 5~6 毫米，宽约 4 毫米，具多数不规则短棘状突起。胞果扁平，卵形或近圆形；果皮膜质，与种子贴生。种子直立，黄褐至红褐色，径 2~2.5 毫米。

生长习性：一年生草本。喜湿。耐盐碱。花果期 7~9 月。

分布与生境：全区普遍分布。多生于盐碱荒地、沟渠旁、池沼边及固定沙丘。

主要化学成分：不明确。

用途：①药用。果实可入药，能祛风、明目、疏肝解郁。主治目赤多泪和头目眩晕、皮肤风痒、湿疹、疮疥、胸胁不舒、乳闭不通等症。②饲料。全草可作为饲料。

灰绿藜 *Chenopodium glaucum* | 藜科 Chenopodiaceae 藜属 *Chenopodium*

别名：盐灰菜。

形态特征：植株高 10~35 厘米。茎自基部分枝；分枝平卧或上升，有绿色或紫红色条纹。叶矩圆状卵形至披针形，长 2~4 厘米，宽 6~20 毫米，先端急尖或钝，基部渐狭，边缘有波状锯齿，上面深绿色，下面灰白色或淡紫色，密生粉粒。花序穗状或复穗状，顶生或腋生；花两性和雌性；花被片 3 或 4，肥厚，基部合生；雄蕊 1~2。胞果伸出花被外，果皮薄，黄白色；种子横生，稀斜生，直径约 0.7 毫米，赤黑色或暗黑色。

生长习性：一年生草本。喜湿。耐盐碱。花果期 5~10 月。

分布与生境：全区广泛分布。生于农田边、水渠沟旁、盐碱滩地。

主要化学成分：不明确。

用途：①药用。全草药用，能止泻痢，止痒。主治痢疾腹泻。②食用。嫩苗、嫩茎叶可食用。③饲料。幼嫩植株可作饲料。

盐穗木 *Halostachys caspica* | 藜科 Chenopodiaceae　盐穗木属 *Halostachys*

形态特征：半灌木，高达 2 米。茎直立，多分枝；小枝对生，有关节，带蓝绿色，开展，肉质，节间长 0.5~1.5 厘米，密生小突起。叶鳞片状，对生，先端尖，基部连合。花序穗状，交互对生，圆柱状，长 1.5~3 厘米，径 2~3 毫米，有梗；花两性，每 3 个生于苞腋；苞片鳞片状，交互对生，无小苞片，花被倒卵形，3 浅裂，裂片内折；雄蕊 1，花药长圆形，长约 0.6 毫米；子房卵形，两侧扁，柱头 2，丝状，花柱不明显。胞果，果皮膜质。种子直立，卵形，两侧扁，红褐色，近无毛；胚稍弯，胚根向上，有粉质外胚乳。

生长习性：半灌木。喜湿，耐盐碱。4 月下旬萌发，花果期 7~9 月，10 月下旬枯死。

分布与生境：分布于平罗县。生于盐碱滩地、沼泽地及湖泊湿地。

主要化学成分：不明确。

用途：①盐碱地改良。②饲料。可作为饲用牧草。

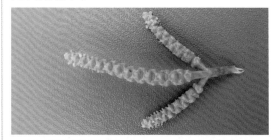

尖叶盐爪爪 *Kalidium cuspidatum* | 藜科 Chenopodiaceae 盐爪爪属 *Kalidium*

别名：灰碱菜。

形态特征：高达40厘米。茎自基部分枝；枝近于直立，灰褐色，小枝黄绿色，叶近卵珠形，长1.5~3毫米，宽1~1.5毫米，先端尖稍内弯，基部下延，半包茎。穗状花序生于枝条上部，长0.5~1.5厘米，径2~3毫米，花排列紧密，每1苞片内有3朵花；花被合生，上部扁平呈盾状，盾片呈五角形，具窄翅状边缘。胞果近圆形，果皮膜质。种子直立，两侧扁，红褐色，径约1毫米，种皮薄壳质，有乳头状小突起。

生长习性：耐盐碱、耐干旱。4月下旬至5月上旬返青，7月上旬至8月上旬开花，9月下旬至10月上旬结实，10月下旬至11月初枯黄，生育期150天左右，生长期约180天。

分布与生境：分布于引黄灌区各市县及同心、盐池县。生于荒漠盐湖外围、河岸或盐渍化土壤上。

主要化学成分：不明确。

用途：①盐碱地改良。②饲料。中等偏低的饲用植物。

盐爪爪 *Kalidium foliatum* | 藜科 Chenopodiaceae 盐爪爪属 *Kalidium*

形态特征：高达 50 厘米。茎直立或平卧，多分枝；枝灰褐色，小枝上部近草质，黄绿色。叶圆柱状，平伸或稍弯曲，灰绿色，长 0.4~1 厘米，径 2~3 毫米，先端钝，基部下延，半包茎。穗状花序无梗，长 0.8~1.5 厘米，径 3~4 毫米，每 3 朵花生于 1 鳞状苞片内；花被合生，上部扁平呈盾状，顶面五角形，周围具窄翅状边沿；雄蕊 2。胞果果皮膜质。种子直立，近圆形，径 0.9~1 毫米，密生乳头状小突起。

生长习性：盐生半灌木，生态幅度较广，生于草原和荒漠区盐湖外围和盐碱地，散生或群集，可为盐湿荒漠群落的优势种。花果期 7~8 月。

分布与生境：分布于引黄灌区各市县。生于低洼盐碱滩地。

主要化学成分：不明确。

用途：①盐碱地改良。②饲料。幼嫩植株可作为饲草。

细枝盐爪爪 *Kalidium gracile* | 藜科 Chenopodiaceae 盐爪爪属 *Kalidium*

别名：绿碱柴。

形态特征：高达 1 米。茎直立，多分枝；老枝灰褐色，有裂隙；小枝细，黄褐色，易折断。叶瘤状，黄绿色，先端钝，基部下延。穗状花序长 1~3 厘米，径约 1.5 毫米，每苞腋生 1 花；花被合生，上部扁平呈盾状，上部有 4 个膜质小齿；花被果时盾形顶端宽约 1.2 毫米，边缘微波状，中心具 4 个膜质浅裂片。胞果卵形或圆形，径约 1 毫米，果皮膜质。种子卵圆形，径 0.7~1 毫米，淡黄褐或红褐色，密生细乳头状突起。

生长习性：生长于荒漠草原和荒漠地区的盐土或盐渍化土壤。在盐湖畔、低洼盐碱地、河谷低地常为建群种。4 月中下旬返青，6 月中下旬至 7 月上旬开花，7 月下旬至 8 月上旬结果，8 月下旬成熟，10 月下旬至 11 月上旬枯黄，生长期约 190 天。细枝盐爪爪生长缓慢，从萌发至开花需 70 多天，分枝少，再生力差，根系发达。

分布与生境：分布于引黄灌区及盐池等县。多生于低洼盐碱地、沟渠及池沼边、芨芨草滩。

主要化学成分：不明确。

用途：①盐碱地改良。②饲料。幼嫩植株可作为饲草。

盐角草 *Salicornia europaea* | 藜科 Chenopodiaceae　盐角草属 *Salicornia*

形态特征：茎直立，高达35厘米，多分枝，枝肉质，绿色。叶鳞片状，长约1.5毫米，先端锐尖，基部连成鞘状，具膜质边缘。花序穗状，长1~5厘米，具短梗；每3花生于苞腋，中间1花较大，位于上方，两侧2花较小，位于下方；花被肉质，倒圆锥状，顶面呈菱形；雄蕊伸出花被外，花药长圆形；子房卵形，具2钻状柱头。果皮膜质。种子长圆状卵形，径约1.5毫米，种皮革质，被钩状刺毛。

生长习性：一年生草本。盐角草是地球上迄今为止报道过的最耐盐的陆生高等植物种类之一。生于盐碱地、盐湖旁及海边。花果期6~7月。

分布与生境：分布于引黄灌区各市县及同心、原州区。生于水库边缘、盐湖周围和积水洼地的盐沼地段。

主要化学成分：不明确。

用途：①盐碱地改良。基于其显著的摄盐能力和集积特征，盐角草可作为生物工程措施的重要手段之一，广泛用于盐碱地的综合改良。②饲料。植株蛋白质组成良好，饲喂试验表明可显著改善肉类品质，可作为普通饲料作物无法正常生长的盐碱地区和沿海滩涂地区潜在的饲料作物资源。③药用。全草药用。盐角草对癌症、鼻窦炎、关节炎、高血压、低血压、腰痛、肥胖症、痔疮、糖尿病、甲状腺炎、哮喘和支气管炎都有显著效果。④其他。盐角草种子脂类含量高且组成好，可望开发成油料作物；盐角草植株含有大量灰分，可作为提炼钠盐等化学品的原料。

备注：中国植物图谱数据库收录的有毒植物，其毒性为全株有毒。

角果碱蓬 *Suaeda corniculata* | 藜科 Chenopodiaceae 碱蓬属 *Suaeda*

形态特征：植株高达60厘米。茎圆柱形，具微条棱；分枝细瘦。叶条形，半圆柱状，长1~2厘米，宽0.5~1毫米，劲直，先端微钝或尖，基部稍缢缩，无柄。花两性兼有雌性，常3~6朵团集，腋生，于分枝上组成穗状花序；花被顶基稍扁，5深裂，裂片不等大，先端钝，背面果时向外延伸增厚成不等大的角状体；花药细小，近圆形，长约0.15毫米；花丝稍外伸；柱头2，花柱不明显。果皮与种子易脱离。种子横生或斜生，双凸镜形，径1~1.5毫米，黑色，有光泽，具蜂窝状纹饰，周边微钝。

生长习性：一年生草本。耐盐碱，喜湿。花果期8~9月。

分布与生境：分布于银川以北地区及中卫市等地。生于沟渠旁、池沼边及盐碱滩地。

主要化学成分：不明确。

用途：盐碱地改良。

碱蓬 *Suaeda glauca* | 藜科 Chenopodiaceae 碱蓬属 *Suaeda*

别名： 盐蓬、碱蒿子、盐蒿子。

形态特征： 植株可高达1米。茎上部多分枝，分枝细长。叶丝状条形，半圆柱状，稍向上弯曲，长1.5~5厘米，宽约1.5毫米，灰绿色，无毛，先端微尖，基部稍缢缩。花两性兼有雌性，单生或2~5朵团集，生于叶近基部；花被5裂；两性花，花被杯状，长1~1.5毫米，雄蕊5，花药长约0.8毫米，柱头2，稍外弯；雌花花被近球形，径约0.7毫米，花被片卵状三角形，先端钝，果时增厚，花被稍呈五角星形，干后黑色。胞果包于花被内，果皮膜质。种子横生或斜生，双凸镜形，黑色，径约2毫米，具颗粒状纹饰，稍有光泽，具很少的外胚乳。

生长习性： 一年生草本。喜高湿、耐盐碱、耐贫瘠、少病虫害。要求土壤有较好的水分条件，但由于茎叶肉质，叶内贮有大量的水分，故能忍受暂时的干旱。种子的休眠期很短，遇上适宜的条件便能迅速发芽出苗生长。花期6~8月，果期9~10月。

分布与生境： 全区均有分布。生于渠岸、洼地、荒野等盐碱地。

主要化学成分： 不明确。

用途： ①药用。全草药用，具有清热、消积等功效。主治食积停滞、发热。②其他。种子含油量约25%，供食用，制肥皂、油漆、油墨和涂料。

盐地碱蓬 *Suaeda salsa* | 藜科 Chenopodiaceae 碱蓬属 *Suaeda*

别名：翅碱蓬、碱葱。

形态特征：植株高达 80 厘米，绿或紫红色。茎直立，圆柱状，具微条棱，上部多分枝。叶条形，半圆柱状，长 1~2.5 厘米，宽 1~2 毫米，先端尖或微钝，无柄。花两性，有时兼有雌性，常 3~5 朵团集，腋生，在分枝上组成有间断的穗状花序；花被半球形，底面平，5 深裂，裂片卵形，稍肉质，先端钝，背面果时增厚，有时基部向外延伸成三角形或窄翅突；花药卵形或长圆形，长 0.3~0.4 毫米；柱头 2，花柱不明显。胞果熟时果皮常破裂。种子横生，双凸镜形或歪卵形，径 0.8~1.5 毫米，黑色，有光泽，周边钝，具不清晰网点纹饰。

生长习性：一年生草本。喜高湿、耐盐碱、耐贫瘠。花果期 7~10 月。

分布与生境：分布于引黄灌区各市县及同心、原州区等地。生于河滩、水库上游或盐碱荒地。

主要化学成分：种子油富含脂肪酸、亚油酸和亚麻酸，且不饱和脂肪酸含量高。

用途：①药用。全草药用，可清热、消积。具有降糖、降压、扩张血管、防治心脏病和增强人体免疫力等药用效能。②食用。其嫩茎叶营养成分丰富，味道鲜美，主要作为蔬菜食用。

拟漆姑 *Spergularia marina* | 石竹科 Caryophyllaceae　牛漆姑属 *Spergularia*

别名：牛漆姑草。

形态特征：植株高 10~30 厘米。茎丛生，铺散，多分枝，上部密被柔毛。叶片线形，长 5~30 毫米，宽 1~1.5 毫米，顶端钝，具凸尖，近平滑或疏生柔毛；托叶宽三角形，长 1.5~2 毫米，膜质。花集生于茎顶或叶腋，呈总状聚伞花序，果时下垂；花梗稍短于萼，果时稍伸长，密被腺柔毛；萼片卵状长圆形，长 3.5 毫米，宽 1.5~1.8 毫米，外面被腺柔毛，具白色宽膜质边缘；花瓣淡粉紫色或白色，卵状长圆形或椭圆状卵形，长约 2 毫米，顶端钝；雄蕊 5；子房卵形。蒴果卵形，长 5~6 毫米，3 瓣裂；种子近三角形，略扁，长 0.5~0.7 毫米，表面有乳头状凸起，多数种子无翅，部分种子具翅。

生长习性：一年生草本。喜高湿、耐盐碱。花期 5~7 月，果期 6~9 月。

分布与生境：全区普遍分布。多生于砂质轻度盐地、盐化草甸以及河边、湖畔、水边等湿润处。

主要化学成分：不明确。

用途：牧草，牛羊喜食。

睡莲 *Nymphaea tetragona* ｜ 睡莲科 Nymphaeaceae 睡莲属 *Nymphaea*

别名：子午莲、茈碧莲、白睡莲。

形态特征：根茎粗短。叶漂浮，薄革质或纸质，心状卵形或卵状椭圆形，长5~12厘米，宽3.5~9厘米，基部具深弯缺，全缘，上面深绿色，光亮，下面带红或紫色，两面无毛，具小点；叶柄长达60厘米。花径3~5厘米；花梗细长；萼片4，宽披针形或窄卵形，长2~3厘米，宿存；花瓣8~17，白色，宽披针形，长圆形或倒卵形，长2~3厘米；雄蕊约40；柱头辐射状裂片5~8。浆果球形，径2~2.5厘米，为宿萼包被。种子椭圆形，长2~3毫米，黑色。

生长习性：多年生水生草本。喜强光，通风良好，对土质要求不高，适宜pH 6~8，喜富含有机质的壤土。水深以不超过80厘米为宜。一般睡莲子在3月至4月上旬萌发长叶，4月下旬或5月上旬孕蕾；6~8月为盛花期，每朵花开2~5天；10~11月为黄叶期，茎叶枯萎，进入11月后到休眠期；然后，第二年春季再重新萌发盛开。

分布与生境：银川各公园、平罗沙湖等地有种植。生于池沼、湖泊等静水水体中。

主要化学成分：含17种氨基酸、维生素、黄酮甙等。

用途：①观赏。常用于园林观赏。②水质净化。由于睡莲对净化水体中的总磷、总氮有明显的作用，也被用于环境修复，净化水质。③食用。睡莲花粉营养丰富，具有完全性、均衡性、浓缩性等特点，是具有开发利用前景的天然营养源。

莲花 *Nelumbo nucifera* | 睡莲科 Nymphaeaceae 莲属 *Nelumbo*

别名：荷花、水芙蓉。

形态特征：根茎肥厚，横生地下，节长。叶盾状圆形，伸出水面，径25~90厘米；叶柄长1~2米，中空，常具刺。花单生于花葶顶端，径10~20厘米；萼片4~5，早落；花瓣多数，红、粉红或白色，有时变态成雄蕊；雄蕊多数，花丝细长，药隔棒状，心皮多数，离生，埋于倒圆锥形花托穴内。坚果椭圆形或卵形，黑褐色，长1.5~2.5厘米。种子卵形或椭圆形，长1.2~1.7厘米，种子红或白色。

生长习性：多年生水生草本。喜阳光，对土质要求不严，pH 6~8，均可正常生长，最适水深25~30厘米，最深不得超过80厘米。喜富含有机质的壤土。3~4月萌发长叶，5~8月陆续开花，每朵花开2~5天。花后结实。10~11月茎叶枯萎。翌年春季又重新萌发。

分布与生境：沿黄河各县市均有人工种植。分布于湖泊、池塘或公园中。

主要化学成分：乙酸乙酯、1,4-二甲氧基苯、肉桂醛、肉桂醇、茉莉酮、正十五烷、γ-桉叶醇、6,9-癸二烯、十七碳烯、棕榈酸、亚油酸、豆蔻酸、苯甲酸苄酯、棕榈酸甲酯、反亚油酸甲酯、顺亚油酸甲酯、硬脂酸甲酯、亚油酸、油酸酰胺、γ-桉叶醇、异香树烯过氧化物、6,9-十七碳二烯、邻甲氧基肉桂醛、1,2,3,4-四氢-4-异丙基-1,6-二甲基萘、β-红没药烯、α-衣兰油烯、1-乙基-2-甲基-环十二烷、2-苄基呋喃、邻羟基肉桂酸、2,2-二甲基-3,5-癸二炔、2-羟基-桉树

脑、丁香亭-3-O-β-D-葡萄糖苷、槲皮素-3-O-β-D-葡萄糖苷、异鼠李素-3-O-β-D-葡萄糖苷、山奈酚-3-O-β-D-葡萄糖苷等。

用途：①食用。根状茎（藕）作蔬菜或提制淀粉（藕粉）；种子供食用。②药用。叶、叶柄、雄蕊、果实、种子及根状茎均作药用。种子补脾止泻，益肾涩精，养心安神，主治脾虚久泻、遗精带下、心悸失眠。莲子心清心安神，涩精止血，主治热入心包、心肾不交、失眠遗精、血热吐血。莲须固肾涩精，主治遗精滑精、带下、尿频。莲房化瘀止血，主治崩漏、尿血、痔疮、产后瘀阻、恶露不尽。荷叶清热解暑，凉血止血，主治暑热烦渴、脾虚泄泻、便血崩漏。荷梗清暑，宽中，理气，主治暑湿、胸闷、头重、困倦。藕节止血消瘀，主治吐血、咯血、尿血、崩漏。

金鱼藻 *Ceratophyllum demersum*
金鱼藻科 Ceratophyllaceae　金鱼藻属 *Ceratophyllum*

别名：细草、鱼草、软草、松藻。

形态特征：全株暗绿色。茎细柔，有分枝。叶轮生，每轮 6~8 叶；无柄；叶片 2 歧或细裂，裂片线状，具刺状小齿。花小，单性，雌雄同株或异株，腋生，无花被；总苞片 8~12，钻状；雄花具多数雄蕊；雌花具雌蕊 1 枚，子房长卵形，上位，1 室；花柱呈钻形。小坚果卵圆形，光滑。花柱宿存，基部具刺。

生长习性：多年生沉水植物。种子有较长的休眠期，通过冬季低温解除休眠。早春种子在泥中萌发，向上生长可达水面。秋季光照渐短，气温下降时，侧枝顶端停止生长，叶密集成叶簇，色变深绿，角质增厚，并积累淀粉等养分，成为一种特殊的营养繁殖体，休眠顶芽。休眠顶芽很易脱落，沉于泥中休眠越冬，第二年春天萌发为新株。在生长期中，折断的植株可随时发育成新株。金鱼藻在 2%~3% 的光强下，生长较慢。5%~10% 的光强下，生长迅速，但强烈光照会使金鱼藻死亡。金鱼藻在 pH 7.1~9.2 的水中均可正常生长，但以 pH 7.6~8.8 为最适。金鱼藻对水温要求较宽，但对结冰较为敏感。金鱼藻是喜氮植物，水中无机氮含量高生长较好。花期 6~7 月，果期 8~10 月。

分布与生境：分布于引黄灌区。生于池沼、湖泊及排水沟中。

主要化学成分：含质体蓝素及铁氧化还原蛋白。

用途：①药用。全草入药，凉血止血、清热利水，主治血热吐血、咳血、热淋涩痛。②饲料。可作猪、鱼及家禽饲料。

五刺金鱼藻 *Ceratophyllum platyacanthum* subsp. *oryzetorum*
金鱼藻科 Ceratophyllaceae　金鱼藻属 *Ceratophyllum*

形态特征：茎平滑，多分枝，节间 1~2.5 厘米，枝顶端者较短。叶常 10 个轮生，2 次二叉状分歧，裂片条形，长 1~2 厘米，宽 0.3~0.5 毫米。未见花标本。坚果椭圆形，长 4~5 毫米，直径 1~1.5 毫米，褐色，平滑，边缘无翅，有 5 尖刺：顶生刺长 7~10 毫米；2 刺生果实近先端 1/3 处，且和果实垂直，长 2~4 毫米，直生或少见弯曲；2 刺斜生果实基部，长 6~8 毫米。

生长习性：多年生沉水草本植物。果期 9~11 月。

分布与生境：分布于引黄灌区。生于池沼、湖泊及排水沟中。

主要化学成分：不明确。

用途：净化水质。

细金鱼藻 *Ceratophyllum submersum* | 金鱼藻科 Ceratophyllaceae 金鱼藻属 *Ceratophyllum*

别名：东北金鱼藻。

形态特征：茎细且软，节间长 1~2 厘米，有分枝。叶鲜绿色，常 5~8 轮生，3~4 次二叉状分歧，裂片丝状，长 2~4 厘米，边缘一侧有极疏细齿。雄花常有 12 苞片，雄蕊 8~12；雌花有 9~10 苞片，雌蕊 6~16。坚果椭圆形，长 4~5 毫米，黑色，有细疣状突起，边缘无翅，顶生刺约长 1 毫米，直生，基部无刺，无或有极短果梗。

生长习性：多年生沉水草本植物。花期 6~7 月，果期 9~11 月。

分布与生境：分布于引黄灌区。多生于湖泊、池沼和排水沟中。

主要化学成分：不明确。

用途：①饲料。可作猪、鱼及家禽饲料。②景观植物。可栽在水族箱内供观赏。

歧裂水毛茛 *Batrachium divaricatrm* | 毛茛科 Ranunculaceae 水毛茛属 *Batrachium*

形态特征：茎长 30 厘米以上，无毛。叶有长柄，无毛；叶片轮廓近半圆形，直径 1.5~3.5 厘米，4~5 回 2~3 裂，小裂片近丝形，在水外通常叉开；叶柄长达 2 厘米，基部有狭鞘。花直径约 1 厘米；花梗长 2.5~3.5 厘米，无毛；萼片反折，近椭圆形，长 2.6~3 毫米，边缘膜质，无毛；花瓣白色，基部淡黄色，倒卵形或狭倒卵形，长 3~5 毫米；雄蕊多达 20，花药长约 0.6 毫米；花托近圆形，有毛。聚合果球形，直径约 4 毫米；瘦果斜狭倒卵形，长约 1.2 毫米，约有 5 条横皱纹。

生长习性：多年生沉水草本。花期 5~6 月。

分布与生境：分布于贺兰山及银川、贺兰等市县。生于沼泽、湖泊及山谷溪水中。

主要化学成分：不明确。

用途：净化水质。

驴蹄草 *Caltha palustris* │ 毛茛科 Ranunculaceae　驴蹄草属 *Caltha*

别名：马蹄叶、马蹄草。

形态特征：全株无毛，有多数肉质须根。茎高可达 48 厘米，实心，具细纵沟，基生叶有长柄；叶片圆形、圆肾形或心形，顶端圆形，基部深心形或基部二裂片互相覆压，边缘具小齿。聚伞花序；苞片三角状心形，边缘牙齿；萼片黄色，倒卵形或狭倒卵形，花药长圆形，花丝狭线形。种子狭卵球形，黑色。

生长习性：多年生草本植物。喜阴湿。5~9 月开花，6 月开始结果。

分布与生境：分布于六盘山地区的泾源县、隆德县及原州区部分地方。通常生于山谷溪边或湿草甸。

主要化学成分：白头翁素、西发定碱、藜芦碱、原白头翁素、胆碱、香豆素、木兰碱、三元皂苷、槲皮素 –3– 半乳糖苷、槲皮素 –3– 半乳糖 –7– 木糖苷、金莲花黄素、环氧叶黄素、驴蹄草黄素等。

用途：①药用。根和叶入药，清热利湿，解毒活血。主治感冒、头目昏眩、周身痛；外用治疗烫伤、皮肤病。②景观植物。可作为观赏植物。

备注：全草含白头翁素和其他植物碱，有毒。

长叶碱毛茛 *Halerpestes ruthenica* ｜ 毛茛科 Ranunculaceae　碱毛茛属 *Halerpestes*

形态特征：匍匐茎长达 30 厘米以上。叶簇生；叶片卵状或椭圆状梯形。花葶高 10~20 厘米，单一或上部分枝，有 1~3 花，苞片线形，萼片绿色，5，卵形，花瓣黄色，6~12 枚，倒卵形。聚合果卵球形，瘦果极多，紧密排列，斜倒卵形，边缘有狭棱；两面有 3~5 条分歧的纵肋，喙短而直。

生长习性：多年生草本。花果期5~8月。

分布与生境：全区均有分布。生于含水丰富的盐碱地及湿草地上。

主要化学成分：不明确。

用途：药用。全草、种子药用，可解毒、温中止痛。用于治疗咽喉炎症、肿痛。

碱毛茛 *Halerpestes sarmentosa* │ 毛茛科 Ranunculaceae　碱毛茛属 *Halerpestes*

别名: 水葫芦苗。

形态特征: 匍匐茎细长,横走。叶多数;叶片纸质,多近圆形,或肾形、宽卵形。花葶1~4条,苞片线形;花小,萼片绿色,卵形,反折;花瓣5,狭椭圆形,与萼片近等长,花丝长约2毫米;花托圆柱形。聚合果椭圆球形,瘦果小而极多,斜倒卵形。

生长习性: 多年生草本。耐盐碱、喜湿。果期5~9月。

分布与生境: 各市县均有分布。生于盐碱性沼泽地或湖畔。

主要化学成分: 不明确。

用途: 药用。全草药用。利水消肿,祛风除湿。治关节炎、水肿。

三裂碱毛茛 *Halerpestes tricuspis* ｜ 毛茛科 Ranunculaceae　碱毛茛属 *Halerpestes*

别名：三裂叶水葫芦苗。

形态特征：匍匐茎细，长达 25 厘米。叶具长柄，无毛；叶革质，宽菱形或菱形，长 0.5~2.7 厘米，宽 0.4~2.8 厘米，基部楔形或宽楔形，3 全裂或 3 深裂，一回裂片线形或披针状线形，全缘，有时较大叶的一回裂片具（1）2 小裂片。花葶高达 12 厘米，无毛或疏被柔毛，单花顶生。萼片椭圆状卵形，长 3.5~4 毫米；花瓣 5~7，窄倒卵形或倒卵形，长 3~5.5 毫米；雄蕊长 2~4 毫米。聚合果球形，径 4~5 毫米，瘦果长 2 毫米。

生长习性：多年生小草本。耐盐碱、喜湿。花期 5~8 月。

分布与生境：分布于六盘山区各市县。生于溪流或河岸边。

主要化学成分：不明确。

用途：药用。全草药用。解毒，利水祛湿。

茴茴蒜 *Ranunculus chinensis* ｜ 毛茛科 Ranunculaceae　毛茛属 *Ranunculus*

别名：小虎掌草、野桑椹、鸭脚板。

形态特征：茎高达 50 厘米，与叶柄被开展糙毛。基生叶数枚，为三出复叶，长 4~8 厘米，宽 4~10.5 厘米，小叶具柄，顶生小叶菱形或宽菱形，3 深裂，裂片菱状楔形，疏生齿，侧生小叶斜扇形，不等 2 深裂，两面被糙伏毛，叶柄长 4~20 厘米；茎生叶渐小。花序顶生，3 至数花；花梗长 0.5~2 厘米；萼片 5，反折，窄卵形，长 3~5 毫米；花瓣 5，倒卵形，长 5~6 毫米；雄蕊多数。聚合果长圆形；瘦果扁，斜倒卵圆形，长 2~2.5 毫米，无毛，具窄边，宿存花柱长 0.2 毫米。

生长习性：多年生或一年生草本。喜湿。花期 4~9 月。

分布与生境：分布于引黄灌区及中宁、隆德、原州区等地。生于溪边、田旁的水湿草地或水库上游。

主要化学成分：毛茛苷、乌头碱、飞燕草碱、银莲花素等。

用途：药用。全草入药，有消炎、止痛、截疟、杀虫等功效。主治肝炎、肝硬化、疟疾、胃炎、溃疡、哮喘、疮癫、牛皮癣、风湿关节痛、腰痛等。

备注：全草有毒。误食后会致口腔灼热、恶心、呕吐、腹部剧痛，严重者呼吸衰竭而致死亡。

毛茛 *Ranunculus japonicus* | 毛茛科 Ranunculaceae 毛茛属 *Ranunculus*

别名：野芹菜、起泡菜、烂肺草。

形态特征：根茎短。茎中空，高达 65 厘米，下部及叶柄被开展糙毛。基生叶数枚，心状五角形，长 1.2~6.5（~10）厘米，宽 5~10（~16）厘米，3 深裂，稀 3 全裂，中裂片楔状菱形或菱形，3 浅裂，具不等锯齿，侧裂片斜扇形，不等 2 裂，两面被糙伏毛，叶柄长 3~22（~25）厘米；茎生叶渐小。花序顶生，3~15 花；花径 1.4~2.4 厘米；花托无毛；萼片 5，卵形，长 5 毫米；花瓣 5，倒卵形，长 0.7~1.2 厘米；雄蕊多数。瘦果扁，斜宽倒卵圆形，长 1.8~2.8 毫米，具窄边；宿存花柱长 0.2~0.4 毫米。

生长习性：多年生草本。喜温暖湿润气候，日温在 25℃生长最好。喜生于田野、湿地、河岸、沟边及阴湿的草丛中。生长期间需要适当的光照，忌土壤干旱。花期 4~8 月。

分布与生境：分布于六盘山地区的各县区。生于溪流边、田沟旁或林缘路边的湿草地上。

主要化学成分：白头翁素等。

用途：药用。全草入药，能退黄、定喘、截疟、镇痛、消翳。主治黄疸、哮喘、疟疾、偏头痛、牙痛、鹤膝风、风湿关节痛、目生翳膜、瘰疬、痈疮肿毒。捣碎外敷，可截疟、消肿及治疮癣。

备注：全草有毒，一般不作内服。皮肤有破损及过敏者禁用，孕妇慎用。

石龙芮 *Ranunculus sceleratus* | 毛茛科 Ranunculaceae 毛茛属 *Ranunculus*

形态特征： 茎高 75 厘米左右，无毛或疏被柔毛。基生叶 5~13，叶五角形、肾形或宽卵形，长 1~4 厘米，宽 1.5~5 厘米，基部心形，3 深裂，中裂片楔形或菱形，3 浅裂，小裂片具 1~2 钝齿或全缘，侧裂片斜倒卵形，不等 2 裂，两面无毛或下面疏被柔毛，叶柄长 1.2~15 厘米；茎生叶渐小。伞房状复单歧聚伞花序顶生，苞片叶状；花径 4~8 毫米。花托被柔毛或无毛；萼片 5，卵状椭圆形，长 2~3 毫米；花瓣 5，倒卵形，长 2.2~4.5 毫米；雄蕊 10~19。瘦果斜倒卵球形，长约 1 毫米，无毛，偶具 2~3 条短横皱；宿存柱头长约 0.1 毫米。

生长习性： 一年生草本。性喜温暖潮湿的气候，野生于水田边、溪边、潮湿地区，忌土壤干旱，在肥沃的腐殖质土中生长良好。用种子繁殖。花期 6~9 月。

分布与生境： 分布于固原市原州区，隆德县等地。生于河沟边。

主要化学成分： 全草含原头翁素、毛茛甙、5-羟色胺、白头翁素，还含胆碱、不饱和甾醇类、没食子酚型鞣质及黄酮类化合物等。

用途： ①药用。全草药用。种子具有祛除风湿寒痹、补肾明目的功效。叶具有消肿、拔毒散结、截疟的攻效。用于治疗淋巴结结核、疟疾、痈肿、蛇咬伤、慢性下肢溃疡。②环境保护。石龙芮对 Fe^{2+} 有较强的富集能力，可作为水体和土壤修复的候选植物。

备注： 全草有毒，不能内服。

弹裂碎米荠 *Cardamine impatiens* | 十字花科 Brassicaceae 碎米荠属 *Cardamine*

形态特征： 植株高达 60 厘米；全株无毛或近无毛。茎单一或上部分枝，有棱，有时曲折。基生叶莲座状，与茎生叶形态相似，开花时枯落；茎生叶柄长 1~3 厘米，基部耳状半抱茎，小叶 2~8 对；顶生小叶椭圆形或卵状椭圆形，长 0.6~2.5 厘米，宽 0.5~1 厘米，先端尖或钝，基部楔形，下延成柄，边缘有不规则圆齿或圆裂，侧生小叶与顶生小叶相似，自上而下渐小，均有小叶柄。花序顶生和腋生；萼片长约 2 毫米，先端圆，基部稍窄；花瓣白色，倒披针形，长 1.5~4 毫米，稀不存在。长角果长 2~2.8 厘米；果柄长 0.3~1 厘米，斜升或平展。种子长约 1.3 毫米，边缘翅极窄。

生长习性： 一年生草本。喜阴湿。花期 4~6 月，果期 5~7 月。

分布与生境： 分布于六盘山。生长于山间溪水边或林缘草甸潮湿处。

主要化学成分： 不明确。

用途： ①药用。全草药用，具有活血调经、清热解毒、利尿通淋之功效。主治月经不调、痈肿、淋症。②其他。种子含油率 36%，可榨油。

大叶碎米荠 *Cardamine macrophylla* | 十字花科 Brassicaceae 碎米荠属 *Cardamine*

形态特征：植株高达 1 米。根状茎匍匐延伸，无鳞片，有结节，无匍匐茎。较粗壮，单一或上部分枝。茎生叶 3~12，生于整个茎上，羽状，小叶 3~7 对，叶柄长 2.5~5 厘米，柄基部不呈耳状。花序顶生和腋生；萼片长 5~6.5 毫米，外轮淡红色；花瓣紫红或淡紫，长 0.9~1.4 厘米，先端圆，基部渐窄成爪；花丝扁。长角果长 3.5~5 厘米；果瓣带紫色；果柄长 1~2.5 厘米，直立开展。种子长约 3 毫米，褐色。

生长习性：多年生草本。喜阴湿。花期 5~6 月，果期 7~8 月。

分布与生境：分布于六盘山地区各市县。生长于河边或林缘潮湿处。

主要化学成分：不明确。

用途：①药用。全草药用，利小便、止痛及治败血病。②食用。嫩苗可食用。③饲料。幼嫩植株可作饲料。

唐古碎米荠 *Cardamine tangutorum* | 十字花科 Brassicaceae 碎米荠属 *Cardamine*

别名：紫花碎米荠。

形态特征：植株高 50 厘米左右。根状茎细长，无匍匐茎。茎单一。基生叶柄长达 12 厘米，叶羽状，小叶 3~5 对，顶生小叶与侧生小叶相似，长椭圆形，长 1.5~5 厘米，先端尖，基部楔形，有锯齿，无小叶柄，疏生短毛；茎生叶 1~3 枚，生于茎中上部，叶柄 1~4 厘米，基部无耳，侧生小叶基部不下延。花序顶生；萼片长 5~7 毫米，外面带紫色，被疏柔毛；花瓣紫或淡紫色，长 0.8~1.5 厘米，先端平截，基部渐窄成爪；花丝扁。长角果长 3~3.5 厘米；果柄直立，长 1.5~2 厘米。种子长 2.5~3 毫米，褐色。

生长习性：多年生草本。喜阴湿。花果期 5~8 月。

分布与生境：分布于六盘山地区各市县。生长于河边或林缘潮湿处。

主要化学成分：不明确。

用途：①药用。全草药用，清热利湿，可治黄水疮；花可治筋骨疼痛。②食用。全株可食用。

风花菜 *Rorippa globosa* | 十字花科 Brassicaceae 蔊菜属 *Rorippa*

别名：球果蔊菜、圆果蔊菜。

形态特征：植株高达80厘米。被白色硬毛或近无毛。茎单一，下部被白色长毛。茎下部叶具柄，上部叶无柄，长圆形或倒卵状披针形，长5~15厘米，两面被疏毛，基部短耳状半抱茎，具不整齐粗齿。总状花序多数，顶生或腋生，圆锥状排列，无叶状苞片；花具长梗；萼片长卵形，开展，边缘膜质；花瓣黄色，倒卵形，基部具短爪；雄蕊6，4强或近等长。短角果近球形，径约2毫米；果瓣隆起，有不明显网纹；果柄纤细，平展或稍下弯。种子淡褐色，多数，扁卵形。

生长习性：一年生或二年生草本。喜阴湿。花期4~6月，果期7~9月。

分布与生境：分布于引黄灌区各市县。生于河岸、湿地、田间、路旁、沟边或草丛。

主要化学成分：不明确。

用途：①药用。全草药用，具有清热利尿、解毒、消肿的功效。主治黄疸、水肿、淋病、咽痛、痈肿、烫伤。②饲料。根、叶柔软，气味纯正，茎秆和花枝细弱，纤维素含量少，为多种畜禽所喜食，特别是猪、禽、兔最喜食。③食用。种子油供食用。

沼生蔊菜 *Rorippa palustris* | 十字花科 Brassicaceae 蔊菜属 *Rorippa*

形态特征：植株高（10）20~50厘米，光滑无毛或稀有单毛。茎直立，单一或分枝，下部常带紫色，具棱。基生叶多数，具柄；叶片羽状深裂或大头羽裂，长圆形至狭长圆形，长5~10厘米，宽1~3厘米，裂片3~7对，边缘不规则浅裂或呈深波状，顶端裂片较大，基部耳状抱茎。总状花序顶生或腋生，果期伸长，花小，多数，黄色或淡黄色，具纤细花梗，长3~5毫米；萼片长椭圆形，长1.2~2毫米，宽约0.5毫米；花瓣长倒卵形至楔形，等于或稍短于萼片；雄蕊6，近等长，花丝线状。短角果椭圆形或近圆柱形，有时稍弯曲，长3~8毫米，宽1~3毫米，果瓣肿胀。种子每室2行。

生长习性：一或二年生草本。喜湿。花期4~7月，果期6~8月。

分布与生境：分布于引黄灌区各市县。生于河岸、湿地、田间、路旁、沟边或草丛。

主要化学成分：不明确。

用途：①药用。全草药用，具有清热解毒、利水消肿的功效。主治风热感冒、咽喉肿痛、黄疸、淋病、水肿、关节炎、痈肿、烫伤。②饲料。幼嫩植株可作饲料。

蕨麻 *Potentilla anserine* ｜ 蔷薇科 Rosaceae　委陵菜属 *Potentilla*

别名：鹅绒委陵菜。

形态特征：根肉质，纺锤形。匍匐茎细长，节上生根，微生长柔毛。基生叶为羽状复叶，小叶 3~12 对，卵状矩圆形或椭圆形，长 1~3 厘米，宽 0.6~1.5 厘米，先端圆钝，边缘有深锯齿，下面密生白色绵毛；小叶间有极小的小叶片；叶柄长，有白毛；托叶膜质；茎生叶有较少数小叶。花单生于长匍匐茎的叶腋，花梗长 1~7 厘米，有长柔毛，花黄色，直径 1~1.8 厘米。瘦果卵形，具洼点，背部有槽。

生长习性：多年生草本。生长的适宜温度是 25℃，能忍耐 3~5℃低温，低于 0℃会冻死。在 15~30℃内可不断开花结果，连续结果时间长、坐果率高。花果期 5~9 月。

分布与生境：全区广泛分布。生于河岸、路边、山坡草地。

主要化学成分：不明确。

用途：①食用。根部膨大，含丰富淀粉，市称"蕨麻"或"人参果"，可食用或供酿酒用。②药用。根药用，补气血，健脾胃，生津止渴，利湿。用于治疗贫血和营养不良等。③饲料。幼嫩植株可作饲料。④其他。可作为蜜源植物；茎叶可提取黄色染料；根含鞣质，可提制栲胶。

朝天委陵菜 *Potentilla supina* | 蔷薇科 Rosaceae 委陵菜属 *Potentilla*

形态特征：植株高 10~50 厘米；茎平铺或倾斜伸展，分枝多，疏生柔毛。羽状复叶；基生叶有小叶 7~13，小叶倒卵形或矩圆形，长 0.6~3 厘米，宽 4~15 毫米，先端圆钝，边缘有缺刻状锯齿，上面无毛，下面微生柔毛或近无毛；茎生叶与基生叶相似，有时为三出复叶，托叶阔卵形，3 浅裂。花单生于叶腋；花梗长 8~15 毫米，有时可达 30 毫米，生柔毛；花黄色，直径 6~8 毫米；副萼片椭圆状披针形。瘦果卵形，黄褐色，有纵皱纹。

生长习性：一年生或二年生草本。喜湿。花果期 3~10 月。

分布与生境：全区各地均有分布。生长于田边、荒地、河岸沙地、草甸、山坡湿地及草坪上。

主要化学成分：全草含黄酮类化合物。

用途：①药用。全草药用，具有清热解毒、凉血、止痢功效。主治感冒发热、肠炎、热毒泻痢、痢疾、血热、各种出血；鲜品外用可治疗疮毒痈肿及蛇虫咬伤。②食用。嫩茎叶可食用。③其他。可酿酒。

野大豆 *Glycine soja* | 豆科 Fabaceae　大豆属 *Glycine*

别名： 乌豆、野黄豆。

形态特征： 缠绕草本，茎细瘦，各部有黄色长硬毛。小叶 3，顶生小叶卵状披针形，长 1~5 厘米，宽 1~2.5 厘米，先端急尖，基部圆形，两面生白色短柔毛，侧生小叶斜卵状披针形；托叶卵状披针形，急尖，有黄色柔毛，小托叶狭披针形，有毛。总状花序腋生；花梗密生黄色长硬毛；花萼钟状，萼齿 5 裂，上唇 2 齿合生，披针形，有黄色硬毛；花冠紫红色，长约 4 毫米。荚果矩形，长约 3 厘米，密生黄色长硬毛；种子 2~4 粒，黑色。

生长习性： 一年生草本。喜水耐湿，多生于山野以及河流沿岸、湿草地、湖边、沼泽附近或灌丛中，稀见于林内和风沙干旱的沙荒地。山地、丘陵、平原及沿海滩涂或岛屿可见其缠绕它物生长。野大豆还具有耐盐碱性及抗寒性，在土壤 pH 9.18~9.23 的盐碱地上可良好生长，−41℃ 的低温下能安全越冬。花期 5~6 月，果期 9~10 月。

分布与生境： 分布于引黄灌区。多生于渠沟边、荒地、田边。

主要化学成分： 不明确。

用途： ①药用。全草、种子入中药。全草：甘，微寒。补强壮，固表敛汗，活血散瘀；主治自汗、盗汗、风痹多汗。种子补肝益肾，祛风解毒，健脾调中；主治头晕、目昏、肾虚腰痛、筋骨疼痛、小儿消化不良。带果全草入蒙药。②饲料。全株为家畜喜食的饲料。③其他。可作为绿肥和水土保持植物。

备注： 渐危种。中国重点保护的资源植物之一。

天蓝苜蓿 *Medicago lupulina* | 豆科 Fabaceae　苜蓿属 *Medicago*

形态特征：茎高 20~60 厘米，有疏毛。叶具 3 小叶；小叶宽倒卵形至菱形，长、宽 0.7~2 厘米，先端钝圆，微缺，上部具锯齿，基部宽楔形，两面均有白色柔毛；小叶柄长 3~7 毫米，有毛；托叶斜卵形，长 5~12 毫米，宽 2~7 毫米，有柔毛。花 10~15 朵密集成头状花序；花萼钟形，有柔毛，萼齿不等长；花冠黄色，稍长于花萼。荚果弯呈肾形，成熟时黑色，具纵纹，无刺，有疏柔毛，有种子 1 粒；种子黄褐色。

生长习性：一年生草本。耐旱，耐潮湿，耐热，抗寒性强，但不耐水淹。在轻壤土、砂壤土、山地黄棕壤、黄壤、黏壤土上均能良好生长，在 pH 7 左右、水湿条件适中的轻壤土中生长最好。天蓝苜蓿具有较强的耐寒性，在 -23℃的低温下仍能顺利越冬，在湿度较好的条件下，在 -28℃下也能越冬。耐旱性很强，在严重干旱时，地上部分枯黄，一遇降水，即能从根部发出新枝，恢复生长。花期 7~9 月，果期 8~10 月。

分布与生境：全区均有分布。生于湿草地、河岸及路旁。

主要化学成分：不明确。

用途：①药用。全草入药，清热利湿，凉血止血，舒筋活络。主治白血病、坐骨神经痛、风湿骨痛、腰肌损伤等。②饲料。天蓝苜蓿产草量不高，但草质优良，适口性好，营养丰富。具有粗蛋白含量高、粗纤维含量低的特点，是牲畜的优质饲草。③其他。可作为草坪草。

小花棘豆 *Oxytropis glabra* | 豆科 Fabaceae 棘豆属 *Oxytropis*

别名：马绊肠、醉马草、绊肠草。

形态特征：高 20~80 厘米。茎分枝多，直立，无毛或疏被短柔毛。奇数羽状复叶长 5~15 厘米；小叶 11~19，披针形或卵状披针形，长 0.5~2.5 厘米；托叶草质，长 0.5~1 厘米。多花组成稀疏总状花序，长 4~7 厘米；花序梗长；花冠紫或蓝紫色，旗瓣长 7~8 毫米，瓣片圆形，先端微缺，翼瓣长 6~7 毫米，先端全缘，龙骨瓣长 5~6 毫米，喙长 0.25~0.5 毫米；子房疏被长柔毛。荚果膜质，长圆形，膨胀，下垂，长 1~2 厘米，喙长 1~1.5 毫米，疏被伏贴白色短柔毛或兼被黑、白柔毛；果柄长 1~2.5 毫米。

生长习性：多年生草本。喜湿，耐盐碱。花期 6~9 月，果期 7~9 月。

分布与生境：分布于引黄灌区、陶乐、盐池等地。生于沟渠旁、荒地、田边及低洼盐碱地。

主要化学成分：臭豆碱、野决明碱、N-甲基野靛碱、鹰爪豆碱、鹰靛叶碱、山柰酚、槲皮素、山柰酚-7-鼠李糖苷、山柰酚-3-葡萄糖苷、山柰酚-3-双葡萄糖苷等。

用途：药用。全草入药，能麻醉、镇静、止痛。主治关节痛、牙痛、神经衰弱、皮肤痛痒。

备注：全草有毒。

苦马豆 *Sphaerophysa salsula* | 豆科 Fabaceae 苦马豆属 *Sphaerophysa*

别名:红花苦豆子、羊尿泡、泡泡豆。

形态特征:茎直立或下部匍匐,高达 60厘米,被或疏或密的白色丁字毛。羽状复叶有11~21小叶;小叶倒卵形或倒卵状长圆形,长0.5~1.5(2.5)厘米,先端圆或微凹,基部圆或宽楔形,上面几无毛,下面被白色丁字毛。总状花序长于叶,有6~16花。花萼钟状,萼齿三角形,被白色柔毛;花冠初时鲜红色,后变紫红色,旗瓣瓣片近圆形,反折,长1.2~1.3厘米,基部具短瓣柄,翼瓣长约1.2厘米,基部具微弯的短柄,龙骨瓣与翼瓣近等长;子房密被白色柔毛,花柱弯曲,内侧疏被纵裂髯毛。荚果椭圆形或卵圆形,长1.7~3.5厘米,膜质,膨胀,疏被白色柔毛。

生长习性:半灌木或多年生草本。耐旱性强,喜湿。在沙漠区的地埂、沟沿、河床、路旁以及水分条件较好的丘间低地均能生长。花期5~6月,果期7~8月。

分布与生境:分布于引黄灌区。多生于渠沟边、荒地、田边。

主要化学成分:苦马豆素、苦马豆宁等。

用途:①药用。全草、根、果入药,具有补肾、利尿、止血功效。主治肾炎、肝硬化腹水、慢性肝炎浮肿、产后出血等。②饲料。全株可作为饲料。③其他。可作绿肥。

水金凤 *Impatiens noli-tangere* | 凤仙花科 Balsaminaceae 凤仙花属 *Impatiens*

形态特征：植株高 40~100 厘米。茎粗壮，直立，分枝。叶互生，卵形或椭圆形，长 5~10 厘米，宽 2~5 厘米，先端钝或短渐尖，下部叶基部楔形，叶柄长 2~3 厘米，上部叶基部近圆形，近无柄，侧脉 5~7 对。总花梗腋生，花 2~3 朵，花梗纤细，下垂，中部有披针形苞片；花大，黄色，喉部常有红色斑点；萼片 2，宽卵形，先端急尖；旗瓣圆形，背面中肋有龙骨突，先端有小喙；翼瓣无柄，2 裂，基部裂片矩圆形，上部裂片大，宽斧形，带红色斑点；唇瓣宽漏斗状，基部延长成内弯的长距；花药尖。蒴果条状矩圆形。

生长习性：一年生草本。适生性强，喜阴湿。其果实很特别，成熟果实稍遇外力便弹裂开来。喷撒出去的种子，散落于周围，第二年就会长出一棵一棵的凤仙花，以此"扩充地盘"延续后代。花期 7~9 月。

分布与生境：分布于六盘山区。常生于溪流边、林缘草地。

主要化学成分：不明确。

用途：①药用。全草药用。有理气和血、舒筋活络之功效。②景观植物。可作为观赏花卉。

柽柳 *Tamarix chinensis* | 柽柳科 Tamaricaceae　柽柳属 *Tamarix*

形态特征： 植株可高达 8 米。幼枝稠密纤细，常开展而下垂，红紫或暗紫红色，有光泽。叶鲜绿色，钻形或卵状披针形，长 1~3 毫米，背面有龙骨状突起，先端内弯。每年开花 2~3 次；春季总状花序侧生于去年生小枝，长 3~6 厘米，下垂；夏秋总状花序，长 3~5 厘米，生于当年生枝顶端，组成顶生长圆形或窄三角形。花梗纤细，花瓣卵状椭圆形或椭圆形，紫红色，肉质；雄蕊 5，花丝着生于花盘裂片间；花柱 3，棍棒状。蒴果圆锥形，长 3.5 毫米。

生长习性： 小乔木或灌木。耐高温和严寒。喜光树种，不耐遮阴。能耐烈日暴晒，耐干又耐水湿，抗风又耐碱土，能在含盐量 1% 的重盐碱地上生长。深根性，主侧根都极发达，主根往往伸到地下水层，最深可达 10 米余，萌芽力强，耐修剪和刈割；生长较快，年生长量 50~80 厘米，4~5 年高达 2.5~3.0 米，大量开花结实，树龄可达百年以上。喜生于河流冲积平原、海滨、滩头、潮湿盐碱地和沙荒地。花期 4~9 月。

分布与生境： 全区有分布。生于潮湿盐碱地、河岸边或水库边。

主要化学成分： 柽柳酮、柽柳醇、柽柳酚、β－甾醇、槲皮素二甲醚、胡萝卜苷、硬脂酸、12－正三十一烷醇、正三十一烷、三十二烷醇己酸酯、山柰酚 -7,4－二甲醚、山柰酚 -4－甲醚、槲皮素、槲皮素甲醚、没食子酸、没食子酸甲酯 -3－甲醚及反式的 2－羟基甲氧基桂皮酸等。

用途： ①药用。嫩枝、叶入药，具有解表透疹的功效。用于治疗痘疹透发不畅或疹毒内陷、感冒、咳嗽、风湿骨痛。②景观植物。庭园观赏和防风绿化。③其他。可编制筐、耢和农具柄把等。

宽苞水柏枝 *Myricaria bracteata* | 柽柳科 Tamaricaceae　水柏枝属 *Myricaria*

形态特征：植株高达 3 米。当年生枝红棕或黄绿色。叶卵形、卵状披针形或窄长圆形，长 2~4（~7）毫米，密集。总状花序顶生于当年生枝上，密集呈穗状；苞片宽卵形或椭圆形，长 7~8 毫米，宽 4~5 毫米，具宽膜质啮齿状边，先端尖或尾尖；花梗长约 1 毫米；萼片披针形或长圆形，长约 4 毫米；花瓣倒卵形或倒卵状长圆形，长 5~6 毫米，常内曲，粉红或淡紫色，花后宿存；雄蕊花丝连合至中部或中部以上。蒴果窄圆锥形，长 0.8~1 厘米。种子长 1~1.5 毫米，顶端芒柱上半部被白色长柔毛。

生长习性：灌木。生于河谷砂砾质河滩、湖边砂地以及山前冲积扇砂砾质戈壁上。花期 6~7 月，果期 8~9 月。

分布与生境：六盘山有分布。生于河岸边。

主要化学成分：不明确。

用途：水土保持与观赏。

三春水柏枝 *Myricaria paniculata* | 柽柳科 Tamaricaceae 水柏枝属 *Myricaria*

形态特征：植株可高达3米。当年生枝灰绿或红褐色。叶披针形、卵状披针形或长圆形，长2~4（~6）毫米，密集。一年开两次花，春季总状花序侧生于去年生枝，基部被有多数覆瓦状排列的膜质鳞片；苞片椭圆形或倒卵形；夏秋季开花，圆锥花序生于当年生枝顶端，苞片卵状披针形或窄卵形，长4~6毫米。花梗长1~2毫米；萼片卵状或卵状长圆形，长3~4毫米，内曲；花瓣倒卵形或倒卵状披针形，长4~6毫米，常内曲，粉红或淡紫红色，花后宿存；雄蕊10，花丝1/2或2/3连合。蒴果窄圆锥形，长0.8~1厘米，3瓣裂。种子长1~1.5毫米，芒柱一半以上被白色长柔毛。

生长习性：灌木。喜湿。生于山地河谷砾石质河滩，河床砂地、河漫滩及河谷山坡。花期3~9月，果期5~10月。

分布与生境：六盘山有分布。生于河岸边。

主要化学成分：不明确。

用途：水土保持与观赏。

千屈菜 Lythrum salicaria ｜ 千屈菜科 Lythraceae　千屈菜属 Lythrum

形态特征：根茎粗壮。茎直立，多分枝，高达1米，全株绿色，稍被粗毛或密被茸毛，枝常4棱。叶对生或3片轮生，披针形或宽披针形，长4~6（10）厘米，宽0.8~1.5厘米，先端钝或短尖，基部圆或心形，有时稍抱茎，无柄。聚伞花序，簇生，花梗及花序梗甚短，花枝似一大型穗状花序，苞片宽披针形或三角状卵形；萼筒有纵棱12条，稍被粗毛，裂片6，三角形，附属体针状；花瓣6，红紫或淡紫色，有短爪，稍皱缩；雄蕊12，6长6短，伸出萼筒。蒴果扁圆形。

生长习性：多年生草本。喜强光，耐寒性强，喜水湿。种子繁殖或营养体繁殖，花期5~10月。

分布与生境：沿黄各市县有种植。多生于湖边、沟渠边或低洼湿地。

主要化学成分：含千屈菜甙、鞣质、黄酮类化合物牡荆素、荭草素、锦葵花甙、矢车菊素半乳糖甙、没食子酸、并没食子酸和少量绿原酸、异荭草素、鞣花酸等。

用途：①药用。全草入药，清热解毒，凉血止血。治肠炎、痢疾、便血、疮疡溃烂等；外用可治疗外伤出血。②食用。嫩茎叶可作野菜食用。③景观植物。④水质净化。

柳兰 *Chamerion angustifolium* | 柳叶菜科 Onagraceae 柳兰属 *Chamerion*

形态特征：茎不分枝或上部分枝，圆柱状，无毛。叶螺旋状互生，稀近基部对生，中上部的叶线状披针形或窄披针形，基部钝圆，两面无毛，近全缘或疏生浅小齿，无柄。花序总状，无毛；下部苞片呈叶状，上部呈三角状披针形，长不及 1 厘米，直立展开；花萼紫红色，长圆状披针形，被灰白柔毛；花瓣粉红或紫红色，稀白色，稍不等大，上面 2 枚较长大，倒卵形或窄倒卵形，全缘或先端具浅凹缺；花药长圆形，花粉粒常 3 孔；花柱开放时强烈反折，花后直立，下部被长柔毛，柱头 4 深裂。蒴果，密被贴生白灰色柔毛，种子窄倒卵状圆形。

生长习性：多年生丛生草本。喜光植物，野生于草地、林缘等地。喜凉爽湿润的气候条件，不耐炎热。耐寒性强，稍耐阴。适生于湿润肥沃、腐殖质丰富的土壤。在土壤肥沃、排水良好处生长健康，花多而大。忌干旱条件。一般 4 月中下旬开始发芽，5 月进行生长，展叶，形成花序。始花期 6 月，盛花期 6 月中下旬至 8 月。果实成熟 9~10 月。

分布与生境：分布于六盘山。生于河滩地、阴湿山坡处。

主要化学成分：全草含金丝桃苷、萹蓄苷、槲皮素 -3-O-（6′-O- 没食子酰基）-β-D 半乳糖苷、槲皮素、山奈酚、咖啡酸、没食子酸、蜡醇、谷甾醇、熊果酸等。

用途：①药用。根状茎及全草可入药，有消肿利水、下乳、润肠之功能。主治乳汁不足、气虚浮肿、跌打损伤。②食用。嫩芽可食。③景观植物。④其他。全株含单宁，可提取栲胶。也可作蜜源植物。

多枝柳叶菜 *Epilobium fastigiatoramosum* | 柳叶菜科 Onagraceae 柳叶菜属 *Epilobium*

形态特征: 自茎基部生出多叶的根出条,有时在地面下生出短细的匍匐枝,茎高达 50(~80)厘米,多分枝,被曲柔毛。叶对生,无柄或具很短的柄,窄椭圆形或椭圆状披针形,长(1)2~7 厘米。花序直立,密被曲柔毛与腺毛;花梗长 0.4~1.3 厘米;花筒喉部疏生一环白毛或近无毛;萼片窄卵形至披针形,长 2.5~3.3 毫米;花瓣白色,倒心形或窄倒卵形,长 3~4 毫米,先端凹缺;子房长 1.2~2.5 厘米,密被曲柔毛与腺毛,花柱无毛,柱头近头状,有时近棍棒状,稍伸出或围以花药。蒴果长 1.7~7 厘米,被曲柔毛;果柄长 0.9~2.1 厘米。种子窄倒卵形或窄倒披针状,长 0.9~1.3 毫米,具很细的乳突,顶端具短喙;种缨污白色,长 0.7~1.2 厘米,不易脱落。

生长习性: 多年生草本。喜阴湿。花期 7~8 月,果期 8~9 月。

分布与生境: 分布于贺兰山、罗山及中卫、中宁等市县。生于山谷溪边或沼泽边、渠沟旁。

主要化学成分: 不明确。

用途: 药用。全草药用,能清热消炎、调经止痛、止血活血、去腐生肌。花能清热消炎、调经止带、止痛。根能理气活血、止血。

柳叶菜 *Epilobium hirsutum* | 柳叶菜科 Onagraceae　柳叶菜属 *Epilobium*

形态特征：茎多分枝。叶草质，对生，茎上部互生，多少抱茎，披针状椭圆形，稀窄披针形，先端锐尖至渐尖，基部近楔形，具细锯齿。总状花序直立，萼片长圆状线形，背面隆起成龙骨状，花瓣玫瑰红、粉红或紫红色，宽倒心形，先端凹缺；子房灰绿或紫色，柱头伸出稍高过雄蕊，4深裂。蒴果，种子倒卵圆形，顶端具短喙。

生长习性：多年生草本。喜湿。种子繁殖，也可分株和扦插繁殖。花期 6~8 月，果期 7~9 月。

分布与生境：分布于六盘山及中卫、平罗等市县。常生长于河谷、溪流河床沙地或石砾地或沟边、湖边向阳湿处，也生于灌丛、荒坡、路旁，常成片生长。

主要化学成分：地上部分含没食子酸、3-甲氧基没食子酸、原儿茶酸和金丝桃甙，山柰酚、槲皮素、杨梅树皮素、槲皮素-3-O-β-D-吡喃葡萄糖甙、杨梅树皮素芸香糖甙和异槲斗酸、棕榈酸、硬脂酸、亚油酸、齐墩果酸、山楂酸、委陵菜酸、阿江榄仁酸和23-羟基委陵菜酸等。

用途：①药用。花清热消炎，调经止带，止痛；用于治疗牙痛、急性结膜炎、咽喉炎、月经不调、白带过多。根理气活血，止血；用于治疗闭经、胃痛、食滞饱胀。②食用。嫩叶可食。③其他。可作为蜜源植物。

细籽柳叶菜 *Epilobium minutiflorum* | 柳叶菜科 Onagraceae 柳叶菜属 *Epilobium*

形态特征：自茎基部生出短的肉质根出条或多叶莲座状芽。茎高达 1 米，多分枝，上部密被曲柔毛，有时具 2（稀 4）条不明显的棱线。叶对生，长圆状披针形或窄卵形，长 2~7 厘米，先端近钝或锐尖，基部楔形或近圆，边缘具细锯齿，侧脉 4~7 对，脉上与边缘具曲柔毛，其余无毛；叶柄长 1~6 毫米，上部的叶近无柄。花序被灰白色柔毛与稀疏的腺毛；花直立；花梗长 0.4~1.5 厘米；花筒喉部有一环稀疏长毛；萼片长圆状披针形，长 2.4~4 毫米；花瓣白色，稀粉红或玫瑰红色，长圆形、菱状卵形或倒卵形，长 3~4.3（~5）毫米，先端凹缺；子房长 1.5~4 厘米，密被灰白色柔毛与稀疏腺毛，花柱无毛，柱头棍棒状，稀近头状，开花时围以外轮花药。蒴果长 3~8 厘米，被曲柔毛，稀无毛；果柄长 0.5~2 厘米。种子窄倒卵圆形，长 0.8~1.2 毫米，具细乳突，顶端具透明的长喙；种缨白色，长 5~7 毫米，易脱落。

生长习性：多年生草本。喜湿。种子繁殖。花期 6~8 月，果期 7~10 月。

分布与生境：分布于六盘山。常生长于河谷、溪流河床沙地或石砾地或沟边、湖边向阳湿处，也生于灌丛、荒坡、路旁，常成片生长。

主要化学成分：不明确。

用途：药用。花清热消炎，调经止带，止痛；用于治疗牙痛、急性结膜炎、咽喉炎、月经不调、白带过多。根理气活血，止血；用于治疗闭经、胃痛、食滞饱胀。

小花柳叶菜 *Epilobium parviflorum* | 柳叶菜科 Onagraceae 柳叶菜属 *Epilobium*

形态特征：植株高 50~100 厘米；茎密被曲柔毛。叶对生与上部互生，长椭圆状披针形，长 3~8 厘米，宽 1.1~1.8 厘米，边缘具疏细齿，两面密被曲柔毛，基部无柄。花两性，单朵腋生，淡红色，长 5~7 毫米；花萼裂片 4，长 3~4 毫米，外面散生短毛；花瓣 4，宽倒卵形，顶端凹缺，长 5~7 毫米，宽 4~5 毫米；雄蕊 8，4 长 4 短；子房下位，柱头 4 裂，裂片长约 1.5 毫米。蒴果圆柱形，长 4~6 厘米，疏被短腺毛；果柄长 5~8 毫米；种子倒卵状椭圆形，长约 1 毫米，密生小乳突，顶端具 1 簇白色种缨。

生长习性：多年生草本。喜湿。种子繁殖，也可分株和扦插繁殖。花期 6~9 月，果期 7~10 月。

分布与生境：分布于六盘山。常生长于河谷、溪流河床沙地或石砾地或沟边、湖边向阳湿处，也生于灌丛、荒坡、路旁，常成片生长。

主要化学成分：不明确。

用途：药用。花清热消炎，调经止带，止痛。用于治疗牙痛、急性结膜炎、咽喉炎、月经不调、白带过多。根理气活血，止血；用于治疗闭经、胃痛、食滞饱胀。

长籽柳叶菜 *Epilobium pyrricholophum* | 柳叶菜科 Onagraceae 柳叶菜属 *Epilobium*

形态特征: 自茎基部生出纤细的越冬匍匐枝条,其节上叶小,近圆形,边缘近全缘,先端钝形。茎高 25~80 厘米,圆柱状,常多分枝,或在小型植株上不分枝,周围密被曲柔毛与腺毛。叶对生,花序上的叶互生,排列密,长过节间,近无柄,卵形至宽卵形,茎上部的有时披针形。花序直立,花瓣粉红色至紫红色,柱头棍棒状或近头状。种子狭倒卵状,顶端渐尖,褐色,表面具细乳突;种缨红褐色,常宿存。

生长习性: 多年生草本。喜湿。花期 7~9 月,果期 8~11 月。

分布与生境: 分布于贺兰山、罗山及中卫、中宁等市县。常生长于河谷、溪流河床沙地或石砾地或沟边、湖边向阳湿处,也生于灌丛、荒坡、路旁,常成片生长。

主要化学成分: 不明确。

用途: 药用。根、全草、种毛入药。全草能清热消炎、调经止痛、止血活血、去腐生肌。花清热消炎,调经止带,止痛;用于治疗牙痛、急性结膜炎、咽喉炎、月经不调、白带过多。根理气活血,止血;用于治疗闭经、胃痛、食滞饱胀。根或带根全草治跌打损伤、疔疮痈肿、外伤出血。

滇藏柳叶菜 *Epilobium wallichianum* | 柳叶菜科 Onagraceae 柳叶菜属 *Epilobium*

形态特征：植株直立或斜升，自茎基部生出多叶的根出条。茎高达 80 厘米，四棱形，不分枝或分枝，花序上被曲柔毛与腺毛，花序以下除有（2~）4 条毛棱线外无毛。叶对生，在茎上常排列稀疏，长圆形、窄卵形或椭圆形，长 2~6 厘米，边缘有细锯齿，侧脉 4~6 对，脉上与边缘有毛。花序下垂，被混生的曲柔毛与腺毛；花通常多少下垂；花梗长 0.4~1.2 厘米；花筒喉部有一环毛；萼片披针状长圆形，长 4~8 毫米，被稀疏曲柔毛与腺毛；花瓣粉红或玫瑰紫色，倒心形，长 0.5~1.3 厘米，先端凹缺；子房长 1.8~4 厘米，被混生曲柔毛与腺毛；花柱基部常有稀疏白毛，柱头稍伸出花药。蒴果长 3.8~7.5 厘米，疏被曲柔毛与腺毛；果柄长 1~2.5 厘米。种子长圆状倒卵圆形，长 0.9~1 毫米，具乳突，顶端有短喙；种缨污白色，长 6~7 毫米，易脱落。

生长习性：多年生草本。喜阴湿。种子繁殖，也可分株和扦插繁殖。花期（5~）7~8 月，果期 8~9 月。

分布与生境：分布于六盘山。常生长于河谷、溪流河床沙地或石砾地或沟边、湖边向阳湿处，也生于灌丛、荒坡、路旁，常成片生长。

主要化学成分：不明确。

用途：药用。花：清热消炎，调经止带，止痛。用于治疗牙痛、急性结膜炎、咽喉炎、月经不调、白带过多。根：理气活血，止血。用于治疗闭经、胃痛、食滞饱胀。根或带根全草：治疗骨折、跌打损伤、疔疮痈肿、外伤出血。

穗状狐尾藻 *Myriophyllum spicatum* | 小二仙草科 Haloragaceae 狐尾藻属 *Myriophyllum*

形态特征：根状茎发达。茎长 1~2.5 米，多分枝。叶（3~4）5（4~6）片轮生，长 3.5 厘米，丝状细裂，裂片约 13 对，线形，长 1~1.5 厘米；叶柄极短或缺。花两性、单性或杂性，雌雄同株，单生于水上枝苞片状叶腋，常 4 花轮生，由多花组成顶生或腋生穗状花序，长 6~10 厘米；如为单性花，则上部为雄花，下部为雌花，中部有时为两性花，基部有 1 对苞片，其中 1 片稍大，宽椭圆形，长 1~3 毫米，全缘或羽状齿裂；雄花萼筒宽钟状，顶端 4 深裂，平滑；花瓣 4，宽匙形，凹入，长 2.5 毫米，顶端圆，粉红色；雄蕊 8，花药长椭圆形，长 2 毫米，淡黄色；无花梗；雌花萼筒管状，4 深裂；无花瓣，或不明显；子房 4 室，花柱 4，很短，偏于一侧，柱头羽毛状，外反；大苞片长圆形，全缘或有细齿，较花瓣短，小苞片近圆形，有锯齿。果片宽卵形或卵状楠圆形，长 2~3 毫米，具 4 纵深沟，沟缘光滑或有时具小瘤。

生长习性：多年生沉水草本。特别是在含钙的水域中穗状狐尾藻中更较常见。花期春至秋，果期 4~9 月。

分布与生境：分布于引黄灌区各市县。生于河边、池塘、湖边或农田排水沟渠中。

主要化学成分：不明确。

用途：①药用。全草药用，清凉，解毒，止痢，主治慢性痢疾。②水质净化。可用于水体净化和水生态修复。③饲料。可作为养猪、养鱼、养鸭的饲料。

狐尾藻 *Myriophyllum verticillatum* | 小二仙草科 Haloragaceae 狐尾藻属 *Myriophyllum*

别名：轮叶狐尾藻。

形态特征：茎圆柱形，多分枝。叶无柄，水上叶为4叶轮生，羽状全裂，水中叶为4~3叶轮生，裂片线形，长约2厘米。苞片羽状篦齿分裂。花生在水上叶的叶腋内，轮生，无花梗；雌雄同株，雌花在下，雄花在上；雄花花萼4裂；花瓣4，大，倒披针形，雄蕊8；雌花萼筒壶状，具4枚三角形萼齿；花瓣极小；子房下位，4室，无花柱，柱头4裂。果近球形，有4条浅沟。

生长习性：多年生水生草本。常与穗状狐尾藻混在一起。夏季生长旺盛。冬季生长慢，能耐低温。

分布与生境：分布于引黄灌区各市县。生于池塘或河水中。

主要化学成分：不明确。

用途：①水质净化。可用于水体净化和水生态修复。②饲料。可作为养猪、养鸭的饲料。

杉叶藻 *Hippuris vulgaris* | 杉叶藻科 Hippuridaceae 杉叶藻属 *Hippuris*

形态特征：全株无毛。茎直立，多节，常带紫红色，高达 1.5 米，上部不分枝，挺出水面，下部合轴分枝，有白或棕色肉质匍匐根茎，节上生多数纤细棕色须根，生于泥中。叶 6~12 枚，轮生，线形，长 1~2.5 厘米，宽 1~2 毫米，全缘，具 1 脉。花单生叶腋，无柄，常为两性，稀单性；萼与子房合生；无花瓣；雄蕊 1，花柱稍长于雄蕊，子房下位，雌蕊生于子房上的一侧。核果窄长圆形，长约 1.5 毫米，光滑，顶端近平截，具宿存雄蕊及花柱。

生长习性：多年生水生草本。喜光，在疏阴环境下亦能生长。喜温暖，怕低温，在 16~28℃的温度范围内生长较好，越冬温度不宜低于 10℃。花期 6 月。

分布与生境：分布于固原市原州区、隆德县、泾源县、西吉县。生于水库上游、河滩地及堰塞湖边缘浅水中。

主要化学成分：不明确。

用途：①药用。全草入药，具有清热凉血、生津养液的功效，治肺结核咳嗽、两胁疼痛、痨热骨蒸。②饲料。全草细嫩、柔软，产量较高，适于作猪、禽类及草食性鱼类的饲料。③水质净化。④景观植物。

葛缕子 *Carum carvi* | 伞形科 Apiaceae 葛缕子属 *Carum*

形态特征：植株高达 0.7~1.5 米。根圆柱形或纺锤形，长达 25 厘米，径 0.5~1 厘米。茎基部无叶鞘残留纤维。叶二至三回羽裂，小裂片线形或线状披针形，长 3~5 毫米，宽 1~2 毫米。复伞形花序径 3~6 厘米，无总苞片，稀 1~4 片，线形；伞辐 3~10 个，长 1~4 厘米，极不等长；无小总苞片，偶 1~4 片，线形；伞形花序有 4~15 花；萼无齿；花瓣白或带淡红色。果长卵形，长 4~5 毫米，宽 2 毫米；每棱槽油管 1，合生面油管 2。

生长习性：多年生草本。喜阴湿。花果期 5~8 月。

分布与生境：分布于固原地区。生于河滩草地或水沟旁。

主要化学成分：根含脂肪酸、β–谷甾醇、伞形花内酯、东莨菪素。种子含葛缕酮、L–隐酮等。果实含 α–葛缕酮、藏茴香酮、α–柠檬烯等。

用途：①药用。全草入药，葛缕子可有效促进组织再生，如消瘀血、净化伤口、止痒及疥癣；养肝与改善肝炎；改善眩晕的毛病及耳朵的疼痛；可疏解压力、消除疲劳及补充精力；可以促进排尿量；有助于改善气喘、喉炎、支气管炎及肺部问题等。②饲料。提取挥发油后剩下的残渣可作为家畜饲料。③景观植物。

碱蛇床 *Cnidium salinum* | 伞形科 Apiaceae 蛇床属 *Cnidium*

别名：山胡萝卜。

形态特征：多年生草本，高 25~50 厘米。根茎发达或否，稀可呈结节状膨大。茎直立，多分枝，具细条纹。基生叶具长柄，柄长达 10 厘米；叶片轮廓长圆状卵形，长 6 厘米，宽 3 厘米，1~2 回羽状全裂，基部羽片具 3~5 毫米的短柄，上部者无柄，羽片轮廓圆卵形，长 1~1.5 厘米，宽 0.8~1.2 厘米，末回裂片长圆状卵形，长 0.7~1 厘米，宽 0.2 厘米，先端具短尖；茎下部叶具柄，柄长 2~10 厘米，基部扩大成鞘，叶鞘边缘白色膜质；叶片轮廓三角状卵形，长达 12 厘米，宽 10 厘米，2~3 回羽状全裂，末回裂片线状披针形至弯镰形，长 0.5~3 厘米，宽 1.5~3 毫米，先端具短尖；茎上部叶柄短，全部鞘状，叶片简化。复伞形花序具长梗；总苞片线形，长 6~10 毫米，早落；伞辐 10~15，长 2~3 厘米，显著具棱，粗糙；小总苞片 4~6，线形，长 5~7 毫米，边缘略粗糙；萼齿不明显；花瓣白色或带粉红色，宽卵形，先端具内折小舌片；花柱基平垫状，花柱 2，向下反曲。分生果长圆状卵形，长 3 毫米，宽 1.5 毫米，主棱 5，均扩大成翅，边缘常为白色膜质；每棱槽内有油管 1，合生面油管 2；胚乳腹面平直或微凹。

生长习性：多年生草本。喜向阳的草甸沼泽。花期 7~8 月，果期 8~9 月。

分布与生境：分布于六盘山。生于沼泽型草地。

主要化学成分：不明确。

用途：水土保持，观赏。

水芹 *Oenanthe javanica* | 伞形科 Apiaceae 水芹属 *Oenanthe*

形态特征：植株高达 80 厘米左右。茎直立或基部匍匐，下部节生根。基生叶柄长达 10 厘米，基部有叶鞘；叶三角形，一至二回羽裂；小裂片卵形或菱状披针形，长 2~5 厘米，宽 1~2 厘米，有不整齐锯齿。复伞形花序顶生，花序梗长 2~16 厘米，无总苞片；伞辐 6~16，长 1~3 厘米，小总苞片 2~8，线形；伞形花序有 10~25 花；萼齿长约 0.6 毫米。果近四角状椭圆形或筒状长圆形，长 2.5~3 毫米，径约 2 毫米，侧棱较背棱和中棱隆起，木栓质。

生长习性：多年生草本。喜凉，耐寒不耐热，温度高于 25 ℃ 时，不会发芽；温度低于 10 ℃ 时停止生长。温度在 15~25 ℃ 之间时生长最快。花期 6~7 月，果期 8~9 月。

分布与生境：全区均有分布。生于浅水低洼地或池沼、水沟旁。

主要化学成分：含蛋白质、脂肪、膳食纤维、碳水化合物、胡萝卜素、视黄醇、硫胺素、核黄素、尼克酸、维生素 C、维生素 E、钾、钠、钙、镁、铁、锰、锌、铜、磷、硒。

用途：①食用。茎叶可食。②药用。全草及根入药，具有清热解毒、养精益气、清洁血液、降低血压、宣肺利湿等功效，还可治小便淋痛、大便出血、黄疸、风火牙痛、痄腮等病症。

海乳草 *Glaux maritima* ｜ 报春花科 Primulaceae　海乳草属 *Glaux*

形态特征： 直根单一或分枝。茎直立或斜升，单独或基部分枝，全部无毛，高10~25厘米。叶交互对生，无柄或有1~2毫米短柄；叶片条形或矩圆状披针形，长5~10毫米，顶端钝尖，基部楔形。花小，腋生；花梗短，长1~2毫米，或无梗；花萼白色或淡红色，宽钟状，5裂，裂片卵形至矩圆状卵形；无花冠；雄蕊5枚下位着生于子房周围；子房球形。蒴果卵圆球形。

生长习性： 多年生草本。生育期90~150天。一般在3月底到5月中旬返青，5~6月上旬孕蕾，6~7月开花，7~8月结实，霜降枯黄。海乳草是一种湿生盐生植物，喜生于海边、湖岸、河畔滩地、阶地的盐化草甸、沼泽草甸。耐湿，耐盐。在0~30米土层中含盐量可达32%，下层在含量2.5%的土壤中也可生长。花期6月，果期7~8月。

分布与生境： 海乳草分布的地区广，生态条件差异大，全区均有分布。生长于盐碱较重的河边、田间沟渠边或水库边缘。

主要化学成分： 种子、果实含齐墩果酸、甘露醇、棕榈酸、三萜类等。

用途： ①饲料。茎细柔软，多汁，可作饲用植物。②其他。种子含油10%~15%，可作肥皂原料。

苞芽粉报春 *Primula gemmifera* | 报春花科 Primulaceae 报春花属 *Primula*

别名：苞芽报春。

形态特征：叶丛生；叶柄具窄翅，甚短或长于叶片 1~2 倍；叶长圆形、卵形或宽匙形，连柄长 1~7 厘米，先端钝或圆，基部渐窄，具稀疏小牙齿，两面秃净或下面散布少数小腺体。花葶高 8~30 厘米，无粉或近顶端被白粉，伞形花序 3~10 花，苞片窄披针形或长圆状披针形，长 0.3~1 厘米，常带紫色，微被粉；花梗长 0.5~3.5 厘米，被粉质腺体；花萼窄钟状，长 0.6~1 厘米，被粉质腺体，分裂达中部，裂片披针形或三角形，边缘具小腺毛；花冠淡红或紫红色，稀白色，冠筒长 0.8~1.3 厘米，冠檐径 1.5~2.5 厘米，裂片宽倒卵形，先端深凹缺。蒴果长圆形，略长于花萼。

生长习性：多年生草本。喜温凉、湿润的环境和排水良好、富含腐殖质的土壤，不耐高温和强烈的直射阳光，不耐霜冻。花期 5~8 月，果期 8~9 月。

分布与生境：分布于六盘山地区。生于沼泽型草甸、溪流边或草地。

主要化学成分：不明确。

用途：景观植物。

百金花 *Centaurium pulchellum* var. *altaicum* ｜ 龙胆科 Gentianaceae　百金花属 *Centaurium*

形态特征：高达 15 厘米。茎直伸，多分枝。中下部叶椭圆形或卵状椭圆形，长 0.6~1.7 厘米，先端钝；上部叶椭圆状披针形，长 0.6~1.3 厘米，先端尖，具小尖头。花多数，二歧或总状复聚伞花序；花梗长 3~5 毫米，近四棱形，直伸；花萼 5 深裂，裂片钻形，长 2.5~3 毫米，边缘膜质，中脉脊状突起；花冠白或粉红色，漏斗形，长 1.3~1.5 厘米，冠筒圆柱形，喉部骤膨大，顶端 5 裂，裂片窄长圆形，长 2.7~3.2 毫米，先端钝，全缘；子房半 2 室，椭圆形，长 7~8 毫米，花柱长 2~2.2 毫米。蒴果椭圆形，长 7.5~9 毫米，花柱宿存，无柄。种子黑褐色，球形，径 0.2~0.3 毫米。

生长习性：一年生草本。耐阴湿，耐盐碱。花果期 5~7 月。

分布与生境：分布于引黄灌区。生于潮湿的田野、草地、水边。

主要化学成分：不明确。

用途：药用。全草药用，清热解毒，退黄。治肝炎、胆囊炎、头痛、发烧、牙痛、咽喉肿痛。蒙药治肝热、胆热、黄疸、头痛、发烧、扁桃腺炎。

假水生龙胆 *Gentiana pseudo-aquatica* | 龙胆科 Gentianaceae　龙胆属 *Gentiana*

形态特征：植株高 5 厘米左右。茎密被乳突，基部多分枝，枝铺散或斜升。叶先端外反，边缘软骨质，被乳突；基生叶卵圆形或圆形，长 3~6 毫米；茎生叶倒卵形或匙形，长 3~5 毫米。花单生枝顶。花梗长 0.2~1.3 厘米；花萼筒状漏斗形，长 0.9~1.4 厘米，裂片卵形，长 2~2.5 毫米，边缘啮蚀状；花冠深蓝色，具黄绿色宽条纹，漏斗形、长卵形，长 1.5~2 毫米，全缘或边缘啮蚀状。蒴果倒卵状长圆形，长 5~6 毫米，裂片三角形，长 1.5~2 毫米，先端尖，边缘膜质；蒴果顶端具宽翅，两侧具窄翅。种子具细网纹。

生长习性：一年生矮小草本。喜冷凉气候，有较强的耐寒性。对温度要求不严格，但种子萌发时，必须有适宜的温度和一定的光照条件，苗期忌高温潮湿天气。喜阴湿，耐旱能力较强。花果期 4~8 月。

分布与生境：分布于六盘山各县区。生于河滩、水沟边、山谷潮湿地、沼泽草甸和溪流边。

主要化学成分：不明确。

用途：景观植物。

湿生扁蕾 *Gentianopsis paludosa* | 龙胆科 Gentianaceae 扁蕾属 *Gentianopsis*

形态特征： 植株高达 40 厘米，茎单生，分枝或不分，基生叶 3~5 对，匙形，长 3 厘米，先端圆，边缘被乳突；茎生叶 1~4 对，长圆形或椭圆状披针形，长 0.5~5.5 厘米，先端钝，边缘被乳突，无柄。花单生茎枝顶端；花萼筒形，长 1~3.5 厘米，裂片近等长，先端尖，边缘白色膜质，外对窄三角形，长 0.5~1.2 厘米，内对卵形，长 0.4~1 厘米；花冠蓝色，或下部黄白色，上部蓝色，宽筒形，长 1.6~6.5 厘米，裂片宽长圆形，长 1.2~1.7 厘米，先端圆，具微齿，下部两侧具细条裂齿；腺体近球形，下垂；子房具柄，线状椭圆形，长 2~3.5 厘米，花柱长 3~4 毫米。蒴果椭圆形，具长柄。种子长圆形或近圆形，直径 0.8~1 毫米。

生长习性： 一年生草本。喜阴湿。花果期 7~10 月。

分布与生境： 分布于六盘山。生于河滩、溪流边或林下阴湿处。

主要化学成分： 全草含木犀草素、熊果酸、苯甲酸、琥珀酸、1-羟基 -3,7,8- 三甲氧基呫吨酮、1,7 二羟基 -3,8- 二甲氧基呫吨酮。此外，还含还原糖、氨基酸、黄酮类、酚类、有机酸等。

用途： ①药用。全草入药，清热，利胆，止泻。用于治疗黄疸型肝炎、肝胆病引起的发烧、感冒、小儿腹泻。②景观植物。

红直獐牙菜 *Swertia erythrosticta* ｜ 龙胆科 Gentianaceae　獐牙菜属 *Swertia*

别名： 红直享乐菜、红直西伯菜。

形态特征： 植株高约 60 厘米。茎四角形，不分枝。叶对生，叶片椭圆状矩圆形，钝尖，具五出脉，生于下部的叶具柄，连合而抱茎，上部的叶无柄。复总状聚伞花序，顶生或腋生；花下垂，绿色具黑褐色斑点，花梗长 1~1.5 厘米；花萼 5 深裂，裂片狭披针形，具一脉，顶端尖，长为花冠的 1/2；花冠 5 深裂至基部，裂片矩圆形，钝尖，近基部各具一个褐色圆形腺窝，边缘具流苏状裂齿；雄蕊 5，生于花冠基部，花丝扁；子房上位，花柱缺，柱头不明显。蒴果卵状椭圆形，二瓣开裂；种子小，多数，卵圆形，有翅。

生长习性： 多年生直立草本。喜阴湿。花果期 7~10 月。

分布与生境： 分布于固原市原州区、隆德县、泾源县。生于河滩或沼泽型草地。

主要化学成分： 不明确。

用途： ①药用。全草民间入药。②景观植物。

荇菜 *Nymphoides peltata* | 睡菜科 Menyanthaceae 荇菜属 *Nymphoides*

别名：莕菜。

形态特征：茎圆柱形，多分枝，密生褐色斑点，节下生根。上部叶对生，下部叶互生，叶片漂浮，近革质，圆形或卵圆形，直径 1.5~8 厘米，基部心形，全缘，有不明显的掌状叶脉，叶柄圆柱形，长 5~10 厘米，基部变宽，呈鞘状，半抱茎。花常多数，簇生节上，5 数，花冠金黄色，长 2~3 厘米，直径 2.5~3 厘米，喉部具 5 束长柔毛。蒴果无柄，椭圆形，长 1.7~2.5 厘米，宽 0.8~1.1 厘米，宿存花柱长 1~3 毫米，成熟时不开裂；种子大，褐色，椭圆形，长 4~5 毫米，边缘密生睫毛。

生长习性：多年生水生草本，通常群生，呈单优势群落。一般 3~5 月返青，5~10 月开花并结果，9~10 月果实成熟。植株边开花边结果，至降霜，水上部分即枯死。

分布与生境：分布于引黄灌区。生于池塘、湖泊边缘或不甚流动的河溪中。

主要化学成分：叶含芸香苷、荇菜苷（即槲皮素 –3– 巢菜糖苷）。花含痕量生物碱，根含少量生物碱。

用途：①药用。全草入药，清热解毒，利尿消肿。用于治疗感冒发热无汗、麻疹透发不畅、小便不利、痈肿疮毒、热淋。②饲料。荇菜的茎、叶柔嫩多汁，无毒、无异味，可做饲料。③景观植物。荇菜叶片形似睡莲，小巧别致，鲜黄色花朵挺出水面，花多花期长，是庭院点缀水景的佳品，可用于绿化美化水面。④水体净化。具有净化水质、修复水生态的价值。

罗布麻 *Apocynum venetum* | 夹竹桃科 Apocynaceae 罗布麻属 *Apocynum*

形态特征：亚灌木，高达 4 米，除花序外全株无毛。叶常对生，窄椭圆形或窄卵形，长 1~8 厘米，基部圆或宽楔形，具细齿，叶柄长 3~6 毫米。花萼裂片窄椭圆形或窄卵形，长约 1.5 毫米；花冠紫红或粉红色，花冠筒钟状，长 6~8 毫米，被颗粒状凸起，花冠裂片长 3~4 毫米，花盘肉质，5 裂，基部与子房合生。蓇葖果长 8~20 厘米，径 2~3 厘米。种子卵球形或椭圆形，长 2~3 毫米，冠毛长。

生长习性：主要生长于沙漠盐碱地、河岸、山沟、山坡的砂质地。花期 4~9 月，果期 7~12 月。用种子、根茎及分株繁殖。

分布与生境：分布于银川市区周边及贺兰县、平罗等地。生于盐碱荒地、农田沟渠边。

主要化学成分：叶含黄酮苷及其他成分。黄酮类有槲皮素、异槲皮苷、新异芸香苷、金丝桃苷、芸香苷等。有机酸类有延胡索酸、琥珀酸、绿原酸、混合长链脂肪酸。脂肪酸醇酯有棕榈酸蜂花醇酯、棕榈酸十六醇酯、棕榈酸羽扇醇酯。氨基酸类有赖氨酸、组氨酸、天门冬氨酸、苏氨酸、丝氨酸、谷氨酸、脯氨酸、甘氨酸、丙氨酸、半胱氨酸、缬氨酸、亮氨酸、异亮氨酸、酪氨酸及苯丙氨酸等 15 种。还含有 β-谷甾醇、羽扇豆醇、正三十烷醇、β-香树精、内消旋肌醇、正二十九烷、正三十一烷、异秦皮定、莨菪亭、氯化钾、鞣质及糖等。根含加拿大麻苷、毒毛旋花子苷元、K-β-毒毛旋花子苷、贝舍苷、罗布麻苷、纤维羊角拗普、羊角拗定-β-D-毛地黄糖苷、羊角拗定-β-D-葡萄糖-（1-4）-β-D-毛地黄糖苷、α-香树精、羽扇豆醇、对羟基苯乙酮、罗布麻宁、羽扇豆醇醋酸酯、异槲皮素（罗布麻甲素）、槲皮素（罗布麻乙素）等。茎含 α-香树脂醇乙酸酯、齐墩果酸醇-3-羟基花生酸乙酸酯、β-谷甾醇及 β-D-葡萄糖和羽扇豆等。

用途：①纺织原料。罗布麻茎皮是一种良好的纤维原料，纤维细而长，是一种比较理想的新的天然纺织原料，故被誉为"野生纤维之王"。②药用。叶入药，平肝安神，清热利水；治高血压、神经衰弱、脑震荡后遗症、浮肿等。乳汁能愈合伤口；根含有生物碱供西药用。③其他。叶可作为罗布麻茶叶的原料。

花荵 *Polemonium caeruleum* | 花荵科 Polemoniaceae 花荵属 *Polemonium*

形态特征：茎直立，高 0.5~1 米，无毛或被疏柔毛。根匍匐，圆柱状，多纤维状须根。羽状复叶互生，茎下部叶长可达 20 多厘米，茎上部叶长 7~14 厘米，小叶互生，11~21 片，两面有疏柔毛或近无毛。聚伞圆锥花序顶生或上部叶腋生，疏生多花；花萼钟状，长 5~8 毫米，被短的或疏长腺毛；花冠紫蓝色，钟状，长 1~1.8 厘米，边缘有疏或密的缘毛或无缘毛。蒴果卵形，长 5~7 毫米。种子褐色，纺锤形，长 3~3.5 毫米，种皮具有膨胀性的黏液细胞，干后膜质似种子有翅。

生长习性：多年生草本。喜阴湿。花期 4~5 月。

分布与生境：分布于六盘山区。生于溪流湿地或山坡草地。

主要化学成分：根含皂甙，其甙元多是以乙酸、当归酸、α–甲基巴豆酸、α–甲基丁酸、丙酸和三萜醇形成的酯，如花荵属皂甙元 A、玉蕊醇 R1、玉蕊皂甙元 C、山茶皂甙元 E 及茶皂醇 A 的单酯，21–（2–甲基丁酰基）–山茶皂甙元 E。还含 β–谷甾醇–β–葡萄糖甙、刺槐素及花荵熊果皂甙元等。

用途：①药用。全草入药，有祛痰、止血、镇静之功效，主治急、慢性支气管炎，胃溃疡出血、咳血等。②景观植物。花色鲜艳，花形独特，可作为观赏植物。

水棘针 *Amethystea caerulea* | 唇形科 Lamiaceae 水棘针属 *Amethystea*

别名：土荆芥、细叶山紫苏。

形态特征：植株高 1 米左右。叶三角形或近卵形，3 深裂，裂片窄卵形或披针形，具锯齿，稀不裂或 5 裂，具粗锯齿或重锯齿，上面被微柔毛或近无毛，下面无毛；叶柄长 0.7~2 厘米，具窄翅，疏被长硬毛。聚伞花序具长梗组成圆锥花序；苞片与茎叶同形，小苞片线形；花萼钟形，具10 脉，5 脉明显，5 齿；花冠蓝或紫蓝色，冠筒内藏或稍伸出，内无毛环，冠檐二唇形，上唇 2 裂，下唇 3 裂，中裂片近圆形；雄蕊 4，前对能育，芽时内卷，花时向后伸长，后对为退化雄蕊，花药 2 室，叉开，纵裂，顶端汇合；花柱细长，柱头 2 浅裂。小坚果倒卵球状三棱形，背面具网状皱纹，腹面具棱，两侧平滑，合生面达果长 1/2以上。

生长习性：一年生草本。喜湿，喜光。花期 8~9 月，果期 9~10 月。

分布与生境：分布于固原市隆德县、泾源县等地。生于河岸沙地及溪流旁。

主要化学成分：不饱和脂肪酸、艾里莫酚烯、β－古芸烯、γ－榄香烯、二十碳二烯酸等。

用途：①药用。全草民间入药。疏风解表，宣肺平喘。主治感冒、咳嗽气喘。②景观植物。

活血丹 *Glechoma longituba* | 唇形科 Lamiaceae 活血丹属 *Glechoma*

别名：透骨消、连钱草。

形态特征：植株高 30 厘米左右。茎基部带淡紫红色，幼嫩部分疏被长柔毛。下部叶较小，心形或近肾形，上部叶心形，长 1.8~2.6 厘米，具粗圆齿或粗齿状圆齿，上面疏被糙伏毛或微柔毛，下面带淡紫色，脉疏被柔毛或长硬毛；下部叶柄较叶片长 1~2 倍。轮伞花序具 2（~6）花；苞片及小苞片线形；花萼管形，长 0.9~1.1 厘米，被长柔毛，萼齿卵状三角形，长 3–5 毫米，先端芒状，上唇 3 齿较长；花冠蓝或紫色，下唇具深色斑点，冠筒管状钟形，长筒花冠长 1.7–2.2 厘米，短筒花冠长 1~1.4 厘米，稍被长柔毛及微柔毛，上唇 2 裂，裂片近肾形，下唇中裂片肾形，侧裂片长圆形。小坚果长约 1.5 毫米，顶端圆，基部稍三棱形。

生长习性：多年生草本。喜阴湿，疏松肥沃、排水性良好的土壤比较适合生长。喜欢温暖湿润的气候。生命力比较顽强。花期 4~5 月，果期 5~6 月。

分布与生境：分布于六盘山。生于林缘阴湿处或溪水边。

主要化学成分：全草含挥发油，其主要成分为 1- 松坎酮、1- 薄荷酮、胡薄荷酮、α - 及 β - 蒎烯、柠檬烯、对—聚伞花素、异薄荷酮、异松樟醇、芳樟醇薄荷醇及 a- 松油醇、熊果酸、β - 谷甾醇、棕榈酸、琥珀酸、多种氨基酸、咖啡酸、桂皮酸、阿魏酸、对 - 羟基香豆酸、鞣质、苦味质、胆碱、硝酸钾、维生素 C 及水苏糖等。

用途：药用。全草或茎叶入药，具有利湿通淋、清热解毒、散瘀消肿等功效。主治膀胱结石、湿热黄疸、疮痈肿痛、跌打损伤等。

薄荷 *Mentha canadensis* │ 唇形科 Lamiaceae　薄荷属 *Mentha*

别名： 野薄荷、水薄荷、土薄荷。

形态特征： 植株高 30~60 厘米，茎上部具倒向微柔毛，下部仅沿棱上具微柔毛。叶具柄，矩圆状披针形至披针状椭圆形，长 3~5（7）厘米，上面沿脉密生、其余部分疏生微柔毛，或除脉外近无毛，下面常沿脉密生微柔毛。轮伞花序腋生，球形，具梗或无梗；花萼筒状钟形，长约 2.5 毫米，10 脉，齿 5，狭三角状钻形；花冠淡紫色，外被毛，内面在喉部下被微柔毛，檐部 4 裂，上裂片顶端 2 裂，较大，其余 3 裂近等大；雄蕊 4，前对较长，均伸出。小坚果卵球形。

生长习性： 多年生草本。对温度适应能力较强，其根茎宿存越冬，能耐 –15 ℃低温。其生长最适宜温度为 25~30℃。气温低于 15℃时生长缓慢，高于 20℃时生长加快。在 20~30℃时，只要水肥适宜，温度越高生长越快。花期 7~9 月，果期 10 月。

分布与生境： 全区有分布。生于水旁潮湿地、沟渠边或田埂。

主要化学成分： 新鲜薄荷叶中含挥发油 1%~1.46%，油中主要成分为 L– 薄荷脑、1– 薄荷酮、异薄荷酮、胡薄荷酮、醋酸癸酯、苯甲酸甲酯、α – 蒎烯、β – 侧柏烯、柠檬烯、辛醇 3、桉叶素、α – 松油醇等。叶中尚含苏氨酸、丙氨酸、谷氨酸和天冬酰胺等多种游离氨基酸。薄荷中有异端叶灵、木犀草素 – 7– 葡萄糖苷、薄荷糖苷等黄酮类化合物及鞣质、迷迭香酸和咖啡酸。

用途： ①药用。全草入药，宣散风热，清头目，透疹。发汗解热药，治流行性感冒、头疼、目赤、身热、咽喉痛、牙床肿痛等症。外用可治神经痛、皮肤瘙痒、皮疹和湿疹等。②食用。幼嫩茎尖可作菜食。

小米草 *Euphrasia pectinata* | 玄参科 Scrophulariaceae 小米草属 *Euphrasia*

形态特征：茎直立，高达 30（45）厘米，不分枝或下部分枝，被白色柔毛。叶与苞片无柄，卵形或宽卵形，长 0.5~2 厘米，基部楔形，每边有数枚稍钝而具急尖的锯齿，两面脉上及叶缘多少被刚毛，无腺毛。花序长 3~15 厘米，初花期短而花密集，果期逐渐伸长，而果疏离；花萼管状，长 5~7 毫米，被刚毛，裂片窄三角形；花冠白或淡紫色，背面长 0.5~1 厘米，外面被柔毛，背面较密，其余部分较疏，下唇比上唇长约 1 毫米，下唇裂片先端凹缺；花药棕色。蒴果窄长圆状，长 4~8 毫米。种子白色。

生长习性：一年生草本。喜温暖湿润气候，适应性较强，耐寒又耐热，最适宜生长温度为 25~35℃，5~8 月气候温暖湿润，生长最快。生长期短，花期 6~9 月。

分布与生境：分布于六盘山地区。生于河边或阴坡草地。

主要化学成分：不明确。

用途：①药用。全草入药，清热解毒、利尿。主治热病口渴、头痛、肺热咳嗽、咽喉肿痛、热淋、小便不利、口疮、痈肿。②饲料。可用于饲喂鱼类。

疗齿草 *Odontites vulgaris* │ 玄参科 Scrophulariaceae 疗齿草属 *Odontites*

形态特征：全株被贴伏而倒生的白色细硬毛。茎直立，高 30~50 厘米，上部四棱形，常中上部分枝。叶对生，披针形至条状披针形，先端渐尖，基部渐窄，边缘疏生锯齿，无柄。穗状花序顶生，下部的苞片叶状；花梗极短；花萼钟状，长 4~6 毫米，果期增大，4 裂，萼片狭三角形；花冠紫红色，外被白色柔毛，上唇直立，略呈盔状，微凹或 2 浅裂，下唇 3 裂开展，倒卵形，先端凹；花药箭形，带橙红色，药室下边延成短芒。蒴果长圆形，长 3~7 毫米，略扁，先端微凹，室背开裂；种子椭圆形，有数条纵的狭翅。

生长习性：一年生草本。喜湿。花期 7~8 月，果期 8~9 月。

分布与生境：分布于固原市原州区、隆德县、彭阳县等地。生于河边或湿地草甸。

主要化学成分：全草含生物碱；花含桃叶珊瑚甙、梓醇衍生物、5- 对 - 香豆酰基桃叶珊瑚甙、即齿叶草甙、萜甙、芹菜素、木犀草素、金圣草黄素及小麦黄素糖甙；地下部分含桃叶珊瑚及齿叶草甙。

用途：药用。地上部入药，清热燥湿、凉血止痛。用于治疗湿热所致的多种病症，如湿温、黄疸、泻痢、热淋以及肝胆瘀热等。

藓生马先蒿 *Pedicularis muscicola* ｜ 玄参科 Scrophulariaceae　马先蒿属 *Pedicularis*

别名：土人参、栌兰土洋参、福参、申时花、假人参、参草等。

形态特征：多毛。根茎粗，顶端有宿存鳞片。茎丛生，中间者直立，外层多弯曲上升或倾卧，长达25厘米。叶柄长达1.5厘米，有疏长毛；叶椭圆形或披针形，长达5厘米，羽状全裂，裂片4~9对，有重锐齿，上面被毛。花腋生；花梗长达1.5厘米；花萼圆筒形，长达1.1厘米，前方不裂，萼齿5，上部卵形，有锯齿；花冠玫瑰色，花冠筒长4~7.5厘米，外面被毛，上唇近基部向左扭折，顶部向下，喙长达1厘米余，向上卷曲成S形，下唇宽达2厘米，中裂片长圆形；花丝均无毛，花柱稍伸出喙端。蒴果偏卵形，长1厘米，为宿萼所包。

生长习性：多年生草本。喜欢温暖湿润的气候，耐高温高湿，不耐寒冷。种子发芽适温为20~25℃，植株生长最适温度25~30℃，可耐36℃以上高温，15℃时生长缓慢，地上部遇霜冻枯死；宿根能耐0℃或短时 -5℃低温，喜光，但也耐阴，茎叶生长期要求水分充足。抗逆性强，耐贫瘠，对土壤的适应范围广。花期5~7月，果期8月。

分布与生境：分布于固原市。生于河边或林下阴坡草地。

主要化学成分：玉叶金花甙、小米草甙、栀子酸、桃叶珊瑚甙、玉叶金花酸、甲基酯山栀子甙、钓柳甙、毛蕊花甙、角胡麻甙、顺角胡麻甙、马先蒿甙A、胡萝卜甙和乙基葡萄糖甙、木脂素甙、胡麻甙、糙苏甙Ⅱ和山栀子甙等。

用途：①药用。根入药，具有生津安神、强心功效。主治气血虚弱、虚痨多汗、虚脱衰竭。②食用。嫩茎叶可作为食用蔬菜。③景观植物。

穗花马先蒿 *Pedicularis spicata* | 玄参科 Scrophulariaceae 马先蒿属 *Pedicularis*

形态特征：植株高 30（~40）厘米。茎单一或多条，上部常多分枝，分枝 4 条轮生，被毛线。基生叶常早枯，较小；茎生叶多 4 枚轮生，柄长约 1 厘米，叶长圆状披针形或线状窄披针形，长达 7 厘米，宽达 1.3 厘米，两面被白毛，羽状浅裂或深裂，裂片 9~20 对，具尖锯齿。穗状花序长达 12 厘米；苞片长于萼，被长白毛；花萼短钟形，长 3~4 毫米，膜质透明，前方微裂，齿后方 1 枚较小，余 4 枚两两结合，三角形；花冠红色，长 1.2~1.8 厘米，冠筒在萼口向前近直角膝曲，上唇长 3~4 毫米，额部高凸，下唇大，长 0.6~1 厘米；花丝 1 对，有毛。蒴果长 6~7 毫米，歪窄卵形，上部向下弓曲。

生长习性：一年生草本。喜湿。花期 7~9 月，果期 8~10 月。

分布与生境：分布于固原市。生于河边或林下阴坡草地。

主要化学成分：不明确。

用途：①药用。根入药，具有祛风、除湿、利水功效。主治风湿关节疼痛、小便不利、尿路结石、妇女白带、疥疮等症。②景观植物。

北水苦荬 *Veronica anagallis-aquatica* | 玄参科 Scrophulariaceae　婆婆纳属 *Veronica*

别名：仙桃草。

形态特征：通常全株无毛，稀花序轴、花梗、花萼和蒴果上有少数腺毛。茎直立或基部倾斜，高 1 米。叶无柄，上部的半抱茎，椭圆形或长卵形，稀卵状长圆形或披针形，长 2~10 厘米，全缘或有疏小锯齿。花序比叶长，多花，花序通常不宽于 1 厘米。花梗与苞片近等长，果期弯曲向上，使蒴果靠近花序轴；花萼裂片卵状披针形，长约 3 毫米，果期不紧贴蒴果；花冠浅蓝、浅紫或白色，径 4~5 毫米，裂片宽卵形；雄蕊短于花冠。蒴果近圆形，长宽近相等，几与宿存花萼等长，顶端圆钝而微凹，宿存花柱长 1.5~2 毫米。

生长习性：多年生（稀为一年生）草本。喜湿。花果期 4~9 月。

分布与生境：全区有分布。生于沟渠边或溪流边。

主要化学成分：含有杂贰类蛋白质、可溶性氮化合物、可溶性或不溶性含磷化合物。

用途：①药用。全草入药，具有清热利湿、活血止血、消肿解毒功效。治感冒、咽喉肿痛、痢疾、血淋、痨伤咳血、血小板减少性紫癜、月经不调、跌打损伤、痈疮肿毒。②食用。幼嫩植株可作蔬菜食用。

狸藻 *Utricularia vulgaris* | 狸藻科 Lentibulariaceae　狸藻属 *Utricularia*

形态特征：匍匐枝圆柱形，节部长0.3~0.8（~1.2）厘米，分枝多，叶器多数，互生，2裂达基部。捕虫囊通常多数，侧生于叶器裂片上。花序直立，中上部具3~10朵疏离的花，无毛；花序梗圆柱状，具1~4个鳞片，苞片与鳞片同形，基部耳状；无小苞片；花梗丝状；花萼2裂达基部，裂片近相等；花冠黄色，下唇边缘反曲，喉凸隆起呈浅囊状；距筒状，仅在远轴的内面散生腺毛；花丝线形；子房球形，花柱稍短于子房，无毛。蒴果球形，周裂。种子扁压，具6角和细小的网状突起，褐色，无毛。

生长习性：水生草本。狸藻几乎没有根，茎细弱，全身叶片裂成一条条细丝状。夏天，从茎上会抽出一根花梗，露出水面，在花梗头上开放出几朵蝴蝶似的黄紫色小花。狸藻的叶边上长着许多小口袋，每个口袋都有一个和外面相通的口子，口子上有小盖子，盖子上又长着4根有感觉的毛。当水中小虫游到小袋门口，只要轻轻一碰，小盖就向里面打开了，小虫一游进口袋就再也出不来了。但狸藻不能像其他食虫植物那样分泌消化液，所以一定要等那些自投罗网的小虫们饿死和腐烂后，才能慢慢吸收利用。

分布与生境：分布于银川市区周边。生于湖泊、池塘、沼泽及水田中。

主要化学成分：不明确。

用途：水质净化。

备注：狸藻是主动型的食虫植物，其完成一次捕食最快只需1%秒。其食物主要为水中的水蚤、线虫和蚊子幼虫等小型无脊椎动物，偶尔也可捕食小鱼苗、小蝌蚪等脊椎动物。

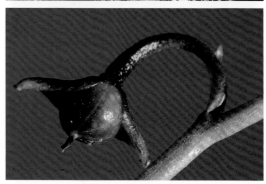

车前 *Plantago asiatica* ｜ 车前科 Plantaginaceae　车前属 *Plantago*

别名：车轱辘菜、蛤蟆叶、猪耳朵。

形态特征：须根多数。叶基生呈莲座状，薄纸质或纸质，宽卵形或宽椭圆形，先端钝圆或急尖，基部宽楔形或近圆，多少下延，边缘波状、全缘或中部以下具齿。穗状花序3~10个，细圆柱状，紧密或稀疏，下部常间断，花冠白色，花冠筒与萼片近等长；雄蕊与花柱明显外伸，花药白色。蒴果纺锤状卵形、卵球形或圆锥状卵形。

生长习性：二年生或多年生草本。适应性强，耐寒、耐旱，对土壤要求不严，在温暖、潮湿、向阳、砂质沃土上能生长良好，20~24℃范围内茎叶能正常生长，气温超过32℃则会出现生长缓慢，逐渐枯萎直至整株死亡，土壤以微酸性的砂质冲积壤土较好。花期4~8月，果期6~9月。

分布与生境：全区有分布。生于草地、沟边、河岸湿地、田边、路旁。

主要化学成分：车前草苷A、车前草苷B、车前草苷C、车前草苷D、车前草苷E、车前草苷F、类叶升麻苷、类叶升麻苷异构体、去鼠李糖类叶升麻苷、海藻苷、地黄苷、异地黄苷、大车前苷、克莱瑞苷、桃叶珊瑚苷、3,4-二羟基桃叶珊瑚苷、芹菜素、车前黄酮苷、木犀草素-7-O-β-D-葡萄糖醛酸等。

用途：①药用。全草和种子药用，具有祛痰、镇咳、平喘等作用。主治大小便不利、淋浊带下、水肿胀满、暑湿泻痢、目赤障翳、痰热咳喘。车前叶不仅有显著的利尿作用，而且具有明显的祛痰、抗菌、降压效果。②食用。幼苗可食。

大车前 *Plantago major* | 车前科 Plantaginaceae　车前属 *Plantago*

别名：大猪耳朵草。

形态特征：植株高 15~20 厘米，根状茎短粗，有须根。基生叶直立，密生，纸质，卵形或宽卵形，长 3~10 厘米，宽 2.5~6 厘米，顶端圆钝，边缘波状或有不整齐锯齿，两面有短或长柔毛；叶柄长 3~9 厘米。花葶数条，近直立，长 8~20 厘米；穗状花序长 4~9 厘米，花密生；苞片卵形，较萼裂片短，二者均有绿色龙骨状突起；花萼无柄，裂片椭圆形，长 2 毫米；花冠裂片椭圆形或卵形，长 1 毫米。蒴果圆锥状，长 3~4 毫米，周裂；种子 6~10，矩圆形，长约 1.5 毫米，黑棕色。

生长习性：二年生或多年生草本。喜湿。花期 6~8 月，果期 7~9 月。

分布与生境：泾源县有分布。生于溪流边或沟旁潮湿处。

主要化学成分：碳水化合物、蛋白质、脂肪、粗纤维、钙、磷、维生素 B1、维生素 B2、铁、胡萝卜素、维生素 C 等。

用途：①药用。全草和种子药用。具有清热利尿、祛痰、凉血、解毒功能，用于治疗水肿、尿少、热淋涩痛、暑湿泻痢、痰热咳嗽、吐血、痈肿疮毒。②食用。幼苗和嫩茎可供食用。

辽东蒿 *Artemisia verbenacea* | 菊科 Asteraceae 蒿属 *Artemisia*

别名：艾蒿。

形态特征：茎高达 70 厘米，上部具短小分枝；茎、枝初被灰白色蛛丝状短茸毛。叶上面初被灰白色蛛丝状茸毛及稀疏白色腺点，下面密被灰白色蛛丝状绵毛；茎下部叶卵圆形或近圆形，长（1.5~）2~4（~6）厘米，一至二回羽状深裂，稀全裂，每侧裂片 2~3（~4），裂片椭圆形，先端具 2~3 浅裂齿，叶柄长 1~2 厘米；中部叶宽卵形，一回全裂，每侧裂片 3（4），小裂片长椭圆形或椭圆状披针形，稀线状披针形，长（0.3）0.5~1 厘米，叶柄长 1~2 厘米，两侧常有短小裂齿或裂片，基部具假托叶；上部叶羽状全裂，苞片叶 3~5 全裂。头状花序长圆形或长卵圆形，径 2~2.5（~3）毫米，有小苞叶，排成穗状花序，在茎上常组成疏离、稍开展或窄圆锥花序；总苞片背面密被灰白色蛛丝状绵毛；雌花 5~8；两性花 8~20。瘦果长圆形或倒卵状椭圆形。

生长习性：多年生草本。喜湿。花果期 8~10 月。

分布与生境：主要分布于引黄灌区。生于水渠边、河岸边及田埂、路边、草地。

主要化学成分：1,8- 桉叶油醇、菊油环酮、樟脑、4- 萜烯醇、α- 侧柏酮、斯巴醇、β- 石竹烯、α- 香附酮、氧化石竹烯等。

用途：①食用。嫩叶作野菜食用。②药用。全草药用。可作为"艾"的代用品。

大狼杷草 *Bidens frondosa* | 菊科 Asteraceae 鬼针草属 *Bidens*

形态特征：茎直立，分枝，常带紫色。叶对生，一回羽状复叶，小叶 3~5 枚，披针形，先端渐尖，边缘有粗锯齿。头状花序单生茎端和枝端，外层苞片通常 8 枚，披针形或匙状倒披针形，叶状，内层苞片长圆形，膜质，具淡黄色边缘；无舌状花或极不明显，筒状花两性，5 裂。瘦果扁平，狭楔形，顶端芒刺 2 枚，有倒刺毛。原产北美，现逸生。

生长习性：一年生草本。适应性强，山坡、山谷、溪边、草丛及路旁均可生长，喜温暖潮湿环境。

分布与生境：分布于银川市各市县。生于水渠边及河流湖泊边缘。

主要化学成分：绿原酸、黄酮苷、黄酮糖苷、黄酮醇、（2R，3R）- 二氢槲皮素、奥卡宁 7-O-β-D- 葡萄糖苷、硫黄菊素、黄酮 O- 糖苷、山奈酚等。

用途：药用。全草药用，有强壮、清热解毒的功效。主治体虚乏力、盗汗、咯血、痢疾、疳积、丹毒。

小花鬼针草 *Bidens parviflora* | 菊科 Asteraceae 鬼针草属 *Bidens*

别名：一包针、小鬼叉、小刺叉、细叶刺针草。

形态特征：茎无毛或疏被柔毛。叶对生，长 6~10 厘米，二至三回羽状分裂，裂片线形或线状披针形，宽约 2 毫米，上面被柔毛，下面无毛或沿叶脉疏被柔毛，上部叶互生，叶柄长 2~3 厘米；二回或一回羽状分裂。头状花序单生茎枝端，具长梗，高 0.7~1 厘米；总苞筒状，基部被柔毛，外层总苞片 4~5，草质，线状披针形，长约 5 毫米，内层常 1 枚，托片状；无舌状花，盘花两性，6~12，花冠筒状，冠檐 4 齿裂。瘦果线形，稍具 4 棱，长 1.3~1.6 厘米，两端渐窄，有小刚毛，顶端芒刺 2，有倒刺毛。

生长习性：一年生草本。以种子繁殖，一般 4 月中旬至 5 月种子发芽出苗，发芽适温为 15~30℃，8~10 月结实期。种子可借风、流水与粪肥传播，经越冬休眠后萌发。

分布与生境：分布于六盘山及贺兰山。生于林下及水沟边。

主要化学成分：不明确。

用途：药用。全草入药，有清热解毒、活血散瘀之效，主治感冒发热、咽喉肿痛、肠炎、阑尾炎、痔疮、跌打损伤、冻疮、毒蛇咬伤。

狼杷草 *Bidens tripartita* | 菊科 Asteraceae 鬼针草属 *Bidens*

别名：狼把草。

形态特征：茎无毛。叶对生，下部叶不裂，具锯齿；中部叶柄长0.8~2.5厘米，有窄翅，叶无毛或下面有极稀硬毛，长4~13厘米，长椭圆状披针形，3~5深裂，两侧裂片披针形或窄披针形，长3~7厘米，顶生裂片披针形或长椭圆状披针形，长5~11厘米；上部叶披针形，3裂或不裂。头状花序单生茎枝端，径1~3厘米，高1~1.5厘米，花序梗较长；总苞盘状，外层总苞片5~9，线形或匙状倒披针形，长1~3.5厘米，叶状，内层苞片长椭圆形或卵状披针形，长6~9毫米，膜质，褐色，具透明或淡黄色边缘；无舌状花，全为筒状两性花，冠檐4裂。瘦果扁，楔形或倒卵状楔形，长0.6~1.1厘米，边缘有倒刺毛，顶端芒刺2，稀3~4，两侧有倒刺毛。

生长习性：一年生草本。适应性强，喜温暖潮湿环境。果期10月。播种繁殖，也可以用其茎段或分枝扦插繁殖，在春夏之季为宜。种子主要靠动物进行传播。

分布与生境：分布于六盘山地区各市县。生于水边湿地或路边。

主要化学成分：地上部分含多种黄酮类化合物，主要有木犀草素、木犀草苷、紫铆花素–7–0–β–D–葡萄吡喃糖苷、紫铆花素、紫铆花素–4'–0–β–D–葡萄吡喃糖苷及硫菊素、香豆素、七叶树内脂、马粟树皮素、形花内酯及东莨菪内脂等内酯类化合物及挥发油等；新鲜的茎叶中含大量胡萝卜素、鞣质、多元酚类及维生素C等。

用途：药用。全草入药，能清热解毒、养阴敛汗。主治感冒、扁桃体炎、咽喉炎、肠炎、痢疾、肝炎、泌尿系统感染、肺结核盗汗、闭经；外用治疖肿、湿疹、皮癣。此药孕妇忌用。

牛口刺 *Cirsium shansiense* | 菊科 Asteraceae 蓟属 *Cirsium*

形态特征：茎枝被长毛或茸毛。中部茎生叶卵形、披针形、长椭圆形、椭圆形或线状长椭圆形，羽状浅裂、半裂或深裂，基部渐窄，扩大抱茎；侧裂片 3~6 对，偏斜三角形或偏斜半椭圆形，顶裂片长三角形、宽线形或长线形，先端及边缘有针刺，向上的叶渐小，与中部茎生叶同形并等样分裂，具齿裂；叶上面绿色，被长毛，下面灰白色，密被茸毛。头状花序排成伞房花序；总苞卵圆形，无毛，径 2~2.5 厘米，总苞片 7 层，覆瓦状排列，向内层渐长，背面有黑色黏腺，最外层长三角形，外层三角状披针形或卵状披针形，先端有短针刺，内层披针形或宽线形，先端膜质，红色；小花粉红或紫色。瘦果偏斜椭圆状倒卵形；冠毛浅褐色。

生长习性：多年生草本。喜温暖湿润气候，耐寒，耐旱。适应性较强，对土壤要求不严。用种子、分株、根芽繁殖，以种子繁殖为主。花果期 5~11 月。

分布与生境：分布于六盘山区。生于山谷林下或灌木林下、草地、河边湿地、溪边和路旁。

主要化学成分：新鲜叶含柳穿鱼甙；地上部分含有 φ-蒲公英甾醇乙酸酯、β-香树脂醇乙酸酯、三十二烷醇、豆甾醇、β-谷甾醇、柳穿鱼素；根含油，内有单紫杉烯、二氢单紫杉烯、四氢单紫杉烯、六氢单紫杉烯、1-十五碳烯、香附子烯、丁香烯、罗汉柏烯、α-雪松烯、顺式的

8,9-环氧-1-十七碳烯-11,13-二炔-10-醇等。

用途：①药用。全草药用，具有凉血、止血、祛瘀、消痈肿功效。主治吐血、衄血、尿血、血淋、血崩、带下、肠风、肠痈、痈疡肿毒、疔疮。②水土保持植物。③景观植物。

旋覆花 *Inula japonica* | 菊科 Asteraceae 旋覆花属 *Inula*

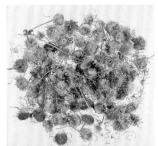

别名：金佛草、金佛花、毛野人。

形态特征：植株高 30~70 厘米，被长伏毛。叶狭椭圆形，基部渐狭或有半抱茎的小耳，无叶柄，边缘有小尖头的疏齿或全缘，下面有疏伏毛和腺点。头状花序直径 2.5~4 厘米，多或少数排成疏散伞房状，梗细；总苞片 5 层，条状披针形，仅最外层披针形而较长；舌状花黄色，顶端有 3 小齿；筒状花长约 5 毫米。瘦果长 1~1.2 毫米，圆柱形，有 10 条沟，顶端截形，被疏短毛；冠毛白色，有 20 余条微糙毛，与筒状花近等长。

生长习性：多年生草本。性喜阳光，根系发达，抗病虫、耐寒、耐干旱、耐土壤贫瘠。花期 6~10 月，果期 9~11 月。

分布与生境：全区均有分布。生于湿润草地、河岸、田埂及山坡路旁。

主要化学成分：头状花序含乙酸蒲公英甾醇酯、旋覆花内酯、1-O-乙酰旋覆花内酯和 1,6-O,O-二乙酰旋覆花内酯；地上部含旋覆花素、大花旋覆花素；根含皂苷类；花含槲皮素、异槲皮素、咖啡酸、绿原酸、菊糖、旋覆花甾醇 A（即蒲公英甾醇）、旋覆花甾醇 B、旋覆花甾醇 C、二氢锦菊素和锦菊素等。

用途：①药用。花、地上部入药。花降气、消痰、行水、止呕、健胃祛痰，也治胸中痞闷、胃部膨胀、嗳气、咳嗽、呕逆等。地上茎叶降气、消痰、行水；用于治疗风寒咳嗽、痰饮蓄结、胸膈痞满、咳喘痰多、疔疮肿毒。②景观植物。旋覆花常应用于花坛、花境、丛植。

花花柴 *Karelinia caspia* | 菊科 Asteraceae 花花柴属 *Karelinia*

形态特征：植株高达 1 米。茎粗壮，多分枝，中空。幼枝密被糙毛或柔毛，老枝无毛，有疣状突起。叶卵圆形、长卵圆形或长椭圆形，长 1.5~6.5 厘米，基部有圆形或戟形小耳，抱茎，全缘或疏生不规则短齿，近肉质，两面被糙毛至无毛。头状花序长 1.3~1.5 厘米，3~7 排成伞房状；总苞卵圆形或短圆柱形，长 1~1.3 厘米，总苞片约 5 层，外层卵圆形，内层长披针形，外面被短毡状毛；小花黄或紫红色；雌花花冠丝状，长 7~9 毫米，花柱分枝细长；两性花花冠细管状，长 0.9~1 厘米；冠毛白色，雌花冠毛纤细，有疏齿，两性花及雄花冠毛上端较粗厚，有细齿。瘦果圆柱形，长约 1.5 毫米，有 4~5 棱，无毛。

生长习性：多年生草本。喜湿。花期 7~9 月，果期 9~10 月。

分布与生境：全区均有分布。生于湿润草地、河岸、田埂及山坡路旁。

主要化学成分：柽柳素、万寿菊素、山奈酚、棕矢车菊素、金圣草黄素、槲皮素、芹菜素、对羟基桂皮酸脂 –4–O– β –D– 吡喃糖苷、4',3,5,7,– 四羟基 –3'–6 二甲氧基黄酮、木犀草素、蒲公英甾醇醋酸酯、豆甾醇、单棕榈酸甘油酯。

用途：①水土保持植物。②饲料植物。

乳苣 *Lactuca tatarica* | 菊科 Asteraceae 莴苣属 *Lactuca*

别名：苦菜、蒙山莴苣、紫花山莴苣。

形态特征：茎枝无毛。中下部茎生叶长椭圆形、线状长椭圆形或线形，基部渐窄成短柄或无柄，长6~19厘米，羽状浅裂、半裂或有大锯齿，侧裂片2~5对，侧裂片半椭圆形或偏斜三角形，顶裂片披针形或长三角形；向上的叶与中部叶同形或宽线形；两面无毛，裂片全缘或疏生小尖头或锯齿。头状花序排成圆锥花序；总苞圆柱状或楔形，长2厘米，总苞片4层，背面无毛，带紫红色，中外层卵形或披针状椭圆形，长3~8毫米，内层披针形或披针状椭圆形，长2厘米；舌状小花紫或紫蓝色。瘦果长圆状披针形，灰黑色，长5毫米；冠毛白色，长1厘米。

生长习性：多年生草本。喜湿。花果期6~9月。

分布与生境：全区有分布。生于盐碱滩地、河岸边或田埂、路边。

主要化学成分：全草含9种化合物，多为倍半萜和三萜类化合物，分别为蒲公英甾醇、伪蒲公英甾醇、羽扇豆醇、齐墩果-18-烯-3β-醇、β-谷甾醇、齐墩果-18-烯-3-酮、3β-羟基-蒲公英-20（30）-烯-28-酸、豆甾醇、羽扇豆酮等。

用途：食用。幼嫩植株可作野菜食用。

大黄橐吾 *Ligularia duciformis* | 菊科 Asteraceae 橐吾属 *Ligularia*

形态特征：茎上部被黄色柔毛。丛生叶与茎下部叶肾形或心形，长 5~16 厘米，有不整齐的齿，两面光滑，叶脉掌状，叶柄长达 31 厘米，被黄色柔毛，基部具鞘；中部叶较小，长 4~10 厘米，叶柄短，基部鞘长达 5 厘米，被黄色毛。复伞房状花序长达 20 厘米；苞片及小苞片线状钻形；头状花序多数，盘状；总苞窄筒形，长 0.8~1.3 厘米，径 3~4 毫米，总苞片 5，2 层，长圆形，先端尖三角状，被睫毛，背部无毛，内层具膜质宽边；小花 5~7，全部管状，黄色，伸出总苞，长 6~9 毫米，冠毛白色，与花冠管部等长。

生长习性：多年生草本。喜湿。花果期 7~9 月。

分布与生境：分布于六盘山区。生于溪流边。

主要化学成分：不明确。

用途：①药用。根茎可药用。主治支气管炎、咳嗽、肺结核、出血、肝炎及疼痛等。②景观植物。

掌叶橐吾 Ligularia przewalskii | 菊科 Asteraceae 橐吾属 Ligularia

形态特征：植株高 60~100 厘米。茎细直，直径 5~7 毫米，无毛。叶有基部扩大抱茎的长柄，叶片宽大于长，宽 16~30 厘米，基部稍心形，掌状深裂，裂片约 7 个，中裂片 3 裂，侧裂片 2~3 裂，边缘有疏齿或小裂片，质稍厚，下面浅绿色，两面无毛；上部叶少数，有基部扩大抱茎的短柄，有时有 3 裂片或不裂而作狭长的苞叶状。花序总状，长 20~50 厘米；头状花序多数，有具条形苞叶的短梗；总苞狭圆柱形；总苞片 5 个，有时达 7 个，条形，长 8~10 毫米，边缘膜质；小花 5~7 个，黄色，较总苞为长，其中两个舌状，舌片长 10~13 毫米，其余筒状；冠毛污褐色。

生长习性：多年生草本。喜湿。花果期 6~10 月。

分布与生境：分布于六盘山。生于山谷林地及溪流边。

主要化学成分：不明确。

用途：①药用。根、叶、花药用。根润肺，止咳，化痰；幼叶催吐；花序清热利湿，利胆退黄。②景观植物。

箭叶橐吾 *Ligularia sagitta* | 菊科 Asteraceae 橐吾属 *Ligularia*

形态特征：茎上部被白色蛛丝状柔毛，后无毛。丛生叶与茎下部叶箭形、戟形或长圆状箭形，长 2~20 厘米，边缘有小齿，两侧裂片外缘常有大齿，上面光滑，下面被白色蛛丝状柔毛，叶脉羽状，叶柄长 4~18 厘米，具窄翅，基部鞘状；茎中部叶与下部叶同形，较小，具短柄，鞘状抱茎；最上部叶苞叶状。总状花序长 6~40 厘米；头状花序多数，辐射状；苞片窄披针形或卵状披针形，草质，长达 6.5 厘米；小苞片线形；总苞钟形或窄钟形，长 0.7~1 厘米，径 4~8 毫米，总苞片 7~10，2 层，长圆形或披针形，背部无毛，内层边缘膜质。舌状花 5~9，黄色，舌片长圆形，长 0.7~1.2 厘米；管状花多数，长 7~8 毫米，冠毛白色，与花冠等长。

生长习性：多年生草本。喜湿。花果期 7~9 月。

分布与生境：分布于六盘山区。生于溪流边、沼泽状草甸或山坡上。

主要化学成分：不明确。

用途：①药用。根、花和幼叶药用。根润肺化痰，止咳；幼叶催吐；花序清热利湿，利胆退黄。②景观植物。

倒羽叶风毛菊 *Saussurea runcinata* | 菊科 Asteraceae 风毛菊属 *Saussurea*

别名：碱地风毛菊。

形态特征：茎单生或簇生，无毛，无翼或有不明显窄翼，上部密被金黄色腺点。基生叶及下部茎生叶椭圆形、倒披针形、线状倒披针形或披针形，长 4~20 厘米，羽状或大头羽状深裂至全裂，侧裂片 4~7 对，叶柄长 1~5 厘米，基部半抱茎；中上部叶不裂，披针形或线状披针形；叶两面无毛。头状花序排成伞房状或伞房圆锥花序；总苞钟状，径 0.5~1 厘米，总苞片 4~6 层，无毛，外层卵形或卵状披针形，长 3.5 毫米，先端草质扩大，有小尖头，中层椭圆形，长 7 毫米，先端红色膜质扩大，内层线状披针形或线形，长 1.9 厘米，先端红色膜质扩大；小花紫红色。瘦果圆柱状，黑褐色，长 2~3 毫米；冠毛 2 层，淡黄褐色。

生长习性：多年生草本。喜湿、耐盐碱。花果期 7~9 月。

分布与生境：分布于引黄灌区及盐池县。生于河滩潮湿地、盐碱地。

主要化学成分：不明确。

用途：水土保持和观赏。

盐地风毛菊 *Saussurea salsa* | 菊科 Asteraceae 风毛菊属 *Saussurea*

形态特征：茎疏被蛛丝状毛。基生叶与下部茎生叶长圆形，长 5~30 厘米，大头羽状深裂或浅裂，顶裂片三角形或箭头形；中下部叶长圆形、长圆状线形或披针形，全缘或疏生锯齿；上部叶披针形，全缘；叶肉质，两面绿色，上面疏被白色糙毛或无毛，下面有白色透明腺点。头状花序排成伞房花序；总苞窄圆柱形，径 5 毫米，总苞（5~）7 层，背面被蛛丝状棉毛；外层卵形，长 2 毫米，中层披针形，长 0.9~1 厘米，内层长披针形，长 1.2 厘米；小花粉紫色。瘦果长圆形，红褐色，顶端无小冠；冠毛白色，外层糙毛状，内层羽毛状。

生长习性：多年生草本。喜生于高山和低山盐渍化低地、平原荒漠戈壁、盐渍化沙地，以及沼泽化草甸，可在重度盐渍化环境中生长。花果期 7~9 月。

分布与生境：分布于银川、盐池、平罗等地。生于盐碱滩地。

主要化学成分：不明确。

用途：①水土保持。②盐碱地改良。

蒙古鸦葱 *Scorzonera mongolica* | 菊科 Asteraceae　鸦葱属 *Scorzonera*

形态特征：茎直立或铺散，上部有分枝，茎枝灰绿色，无毛，茎基被褐或淡黄色鞘状残迹。基生叶长椭圆形、长椭圆状披针形或线状披针形，长 2~10 厘米，基部渐窄成柄，柄基鞘状；茎生叶互生或对生，无柄；叶肉质，两面无毛，灰绿色。头状花序单生茎端，或茎生 2 枚头状花序，呈聚伞花序状排列；总苞窄圆柱状，径约 0.6 毫米，总苞片 4~5 层，背面无毛或被蛛丝状柔毛，外层卵形、宽卵形，长 3~5 毫米，中层长椭圆形或披针形，长 1.2~1.8 厘米，内层线状披针形，长 2 厘米；舌状小花黄色。瘦果圆柱状，长 5~7 毫米；冠毛白色，长 2.2 厘米，羽毛状。

生长习性：多年生具肉质宿根的草本植物。地上部分冬季枯死，肉质直根和根颈头仍保留在土壤中，翌年春末夏初，环境条件适宜时，重新萌芽，形成新的植物体。4 月萌发，7 月现蕾，陆续开花结实，10 月底或 11 月初地上部枯死。

分布与生境：分布于银川及以北地区。生于盐碱地或河边湿地。

主要化学成分：不明确。

用途：饲料。嫩茎叶是优质饲料。

华蟹甲 *Sinacalia tangutica* | 菊科 Asteraceae 华蟹甲属 *Sinacalia*

别名：羽裂华蟹甲草。

形态特征：植株高 40~60 厘米，根状茎直伸，顶端膨大成块茎状。茎直立，单一，不分枝，茎下部被褐色腺状柔毛。中部叶卵形或卵状心形，长 10~16 厘米，羽状深裂，侧裂片 3~4 对，近对生，长圆形，边缘常具数个小尖齿，上面疏被贴生硬毛，下面沿脉被柔毛及疏蛛丝状毛，羽状脉，叶柄长 3~6 厘米，基部半抱茎，被疏柔毛或近无毛；上部茎生叶渐小，具短柄。头状花序常排成多分枝宽塔状复圆锥状，花序轴及花序梗被黄褐色腺状柔毛，花序梗长 2~3 毫米，具 2~3 线形小苞片；总苞圆柱状，长 0.8~1 厘米，总苞片 5，线状长圆形，长约 8 毫米，被微毛，边缘窄干膜质。舌状花 2~3，黄色，舌片长圆状披针形，长 1.3~1.4 厘米，具 2 小齿，4 脉；管状花 4（~7），花冠黄色。瘦果圆柱形，长约 3 毫米，无毛，具肋；冠毛糙毛状，白色，长 7~8 毫米。

生长习性：多年生草本。喜湿。花期 7~9 月。

分布与生境：分布于六盘山区各市县。生于溪流岸边或河谷碎石地。

主要化学成分：7- 甲氧基香豆素、3-（2,4 二羟基苯基）丙酸甲酯、瑞香素 -8-O-β- 葡萄糖苷、7,8- 二羟基香豆素、7-羟基 -8- 甲氧基 - 香豆素、3- 羟基 - 艾里莫酚 -9,11- 二烯 -8- 酮、奈二烷、β- 谷甾醇和胡萝卜苷等。

用途：①水土保持。②景观植物。

碱小苦苣菜 *Sonchella stenoma* | 菊科 Asteraceae 碱苣属 *Sonchella*

别名：碱黄鹌菜。

形态特征：植株高 10~50 厘米。茎直立，单生或少数茎成簇生，具有纵棱，无毛，有时下部淡紫红色。基生叶及下部茎生叶线形、线状披针形或线状倒披针形，长 3~12 厘米，宽 0.3~0.7 毫米，边缘全缘或浅波状锯齿或锯齿。头状花序稍小，含 11 枚舌状小花，沿茎上部排成总状花序或总状狭圆锥花序；总苞圆柱状，长 8~9 毫米，干后褐绿色；总苞片 4 层，全部总苞片外面无毛。瘦果纺锤形，褐色，长 6.5 毫米，向两端收窄，顶端截形，有 12~14 条不等粗的纵肋，肋上有小刺毛。冠毛白色，长 6 毫米，糙毛状。

生长习性：多年生草本。喜湿。花果期 7~9 月。

分布与生境：分布于中卫及盐池县。生于草原沙地及盐渍地。

主要化学成分：不明确。

用途：药用。全草药用。清热解毒、消肿止痛，主治疮肿疔毒。

苦苣菜 *Sonchus oleraceus* | 菊科 Asteraceae 苦苣菜属 *Sonchus*

别名：苦菜、苦荬菜、小鹅菜。

形态特征：茎枝无毛或上部花序被腺毛。基生叶羽状深裂，长椭圆形或倒披针形，或大头羽状深裂，基部渐窄成翼柄；中下部茎生叶羽状深裂或大头状羽状深裂，椭圆形或倒披针形，长 3~12 厘米，基部骤窄成翼柄，柄基圆耳状抱茎；下部叶与中下部叶同型，基部半抱茎。头状花序排成伞房或总状花序或单生茎顶；总苞宽钟状，长 1.5 厘米，径 1 厘米，总苞片 3~4 层，先端长尖，背面无毛，外层长披针形或长三角形，中内层长披针形至线状披针形；舌状小花黄色。瘦果褐色，长椭圆形或长椭圆状倒披针形，长 3 毫米，两面各有 3 条细脉，肋间有横皱纹；冠毛白色。

生长习性：一年生或二年生草本。喜湿。有种子繁殖和根茎繁殖两种方式。花果期 5~12 月。

分布与生境：全区有分布。生于沟渠边、田埂、山坡草地。

主要化学成分：茎叶总脂肪酸的含量为 93.67%，其中不饱和脂肪酸占总脂肪酸的含量为 61.43%。含量较高的 3 种脂肪酸依次是亚麻酸、棕榈酸、亚油酸。其他脂肪酸为 9,12,15- 十八碳三烯酸、9,12- 十八碳二烯酸、十四（烷）酸、十六（烷）酸、十八碳酸、二十碳酸、7- 十六碳烯酸、十七碳酸等。

用途：①药用。全草入药，清热，凉血，解毒。主治肠炎、痢疾、黄疸、淋症、咽喉肿痛、痈疮肿毒、乳腺炎、痔瘘、吐血、衄血、咯血、尿血、便血、崩漏。②食用。可作野菜食用。③饲料。是一种良好的青绿饲料。

苣荬菜 *Sonchus wightianus* ｜ 菊科 Asteraceae 苦苣菜属 *Sonchus*

别名：甜苦苦菜、败酱草。

形态特征：茎花序分枝与花序梗密被腺毛。基生叶与中下部茎生叶倒披针形或长椭圆形，羽状或倒向羽状深裂、半裂或浅裂，长6~24厘米，侧裂片2~5对；上部叶披针形或线状钻形；叶基部渐窄成翼柄，中部以上茎生叶无柄，基部圆耳状半抱茎，两面无毛。头状花序排成伞房状花序；总苞钟状，长1~1.5厘米，径0.8~1厘米，基部有茸毛，总苞片3层；舌状小花黄色。瘦果长椭圆形，长3.7~4毫米，两面各有5条细纵肋，肋间有横皱纹；冠毛白色，长1.5厘米，柔软。

生长习性：多年生草本。喜湿。耐盐碱。花果期1~9月。

分布与生境：全区有分布。生于沟渠边、田埂、山坡草地。

主要化学成分：棕榈酸、β-谷甾醇、胡萝卜苷、槲皮素、芹菜素-7-O-β-D-葡糖苷、木犀草素-7-O-β-D-葡糖苷、槲皮素-3-O-β-D-葡糖苷、芦丁等。

用途：①食用。野菜。②药用。全草药用。具有清热解毒、凉血利湿、消肿排脓、祛瘀止痛、补虚止咳的功效。主治口苦、发烧、胃痛、胸肋刺痛、食欲不振、胸口灼热、返酸、作呕、胃腹不适。

短星菊 *Symphyotrichum ciliatum* | 菊科 Asteraceae 联毛紫菀属 *Symphyotrichum*

形态特征：茎基部分枝，近无毛，上部及分枝疏被糙毛。叶线形或线状披针形，长 2~6 厘米，基部半抱茎，全缘，两面无毛或上面被疏毛，边缘有睫毛，无柄。头状花序在茎或枝端排成总状圆锥状，稀单生枝顶，径 1~2 厘米，花序梗短；总苞半球状钟形，总苞片 2~3 层，线形，短于花盘，外层绿色，草质，长 7~8 毫米，先端及边缘有缘毛，内层下部边缘膜质，上部草质；雌花花冠细管状，无毛，上端斜切，或有长达 1.2 毫米舌片，上部及斜切口被微毛；两性花花冠管状，长 4~4.5 毫米，管部上端被微毛，无色或裂片淡粉色，花全结实。瘦果长圆形，长 2~2.2 毫米，红褐色，被密软毛；冠毛白色，2 层，外层刚毛状，内层糙毛状。

生长习性：一年生草本。喜湿。耐盐碱。花果期 8~10 月。

分布与生境：分布于银川市各区市。生于沟渠边或盐碱滩地草丛中。

主要化学成分：不明确。

用途：①水土保持。②盐碱地改良。

多裂蒲公英 *Taraxacum dissectum* | 菊科 Asteraceae 蒲公英属 *Taraxacum*

形态特征：根颈部密被黑褐色残存叶基，叶腋有褐色细毛。叶线形，稀少披针形，长 2~5 厘米，宽 3~10 毫米，羽状全裂，顶端裂片长三角状戟形，全缘，先端钝或急尖，每侧裂片 3~7 片，裂片线形，裂片先端钝或渐尖，全缘，裂片间无齿或小裂片，两面被蛛丝状短毛，叶基有时显紫红色。花葶 1~6，长于叶；头状花序直径 10~25 毫米；总苞钟状，长 8~11 毫米，绿色，先端常显紫红色，无角；舌状花黄色或亮黄色，花冠喉部的外面疏生短柔毛，舌片长 7~8 毫米，宽 1~1.5 毫米，基部筒长约 4 毫米，边缘花舌片背面有紫色条纹，柱头淡绿色。瘦果淡灰褐色，长（4.0）4.4~4.6 毫米，中部以上具大量小刺，以下具小瘤状突起，顶端逐渐收缩为长 0.8~1.0 毫米的喙基，喙长 4.5~6 毫米；冠毛白色，长 6~7 毫米。

生长习性：多年生宿根性植物，野生条件下二年生植株就能开花结籽，初夏开花，开花结籽数随生长年限而增多，有的单株开花数达 20 个以上，开花后经 13~15 天种子即成熟。花果期 6~9 月。

分布与生境：分布于银川、平罗、石嘴山、盐池、青铜峡、中卫等市县。生于低洼盐碱地、沟渠边、田埂。

主要化学成分：蒲公英同属植物中含有多种成分。主要有：胡萝卜素类、三萜类、甾醇类、黄酮类、倍半萜内酯类、咖啡酸类、绿原酸、挥发油、香豆素类、酚酸类、脂肪酸、胆碱、果糖、维生素、蛋白质、矿物质等。

用途：①药用。全草入药，清热解毒，清肝利胆，消肿散结，利尿通淋。用于治疗目赤、咽痛、肺痈、肠痈、湿热黄疸、热淋涩痛。②食用。可作为野菜食用。

蒲公英 *Taraxacum mongolicum* | 菊科 Asteraceae 蒲公英属 *Taraxacum*

别名：蒲公草、食用蒲公英、尿床草、西洋蒲公英。

形态特征：根垂直。叶莲座状平展，矩圆状倒披针形或倒披针形，长 5~15 厘米，宽 1~5.5 厘米，羽状深裂，侧裂片 4~5 对，矩圆状披针形或三角形，具齿，顶裂片较大，戟状矩圆形，羽状浅裂或仅具波状齿，基部狭成短叶柄，被疏蛛丝状毛或几无毛。花葶数个，与叶多少等长，上端被密蛛丝状毛；总苞淡绿色，外层总苞片卵状披针形至披针形，边缘膜质，被白色长柔毛，顶端有或无小角，内层条状披针形，长于外层 1.5~2 倍，顶端有小角；舌状花黄色。瘦果褐色，长 4 毫米，上半部有尖小瘤，喙长 6~8 毫米；冠毛白色。

生长习性：多年生宿根性植物，野生条件下二年生植株就能开花结籽，初夏开花，开花结籽数随生长年限而增多，有的单株开花数达 20 个以上，开花后经 13~15 天种子即成熟。种子繁殖。种子无休眠期，成熟采收后的种子，从春到秋可随时播种。

分布与生境：全区普遍分布。生于河滩、山坡草地和田野。

主要化学成分：蒲公英同属植物中含有多种成分。主要有：胡萝卜素类、三萜类、甾醇类、黄酮类、倍半萜内酯类、咖啡酸类、绿原酸、挥发油、香豆素类、酚酸类、脂肪酸、胆碱、果糖、维生素、蛋白质、矿物质等。

用途：①药用。全草入药，有利尿、缓泻、退黄疸、利胆等功效。治热毒、痈肿、疮疡、内痈、目赤肿痛、湿热、黄疸、小便淋沥涩痛、疔疮肿毒、乳痈、瘰疬、牙痛。②食用。蒲公英可生吃、炒食、做汤，是药食兼用的植物。

华蒲公英 *Taraxacum sinicum* | 菊科 Asteraceae 蒲公英属 *Taraxacum*

别名：蒲公草。

形态特征：叶倒卵状披针形或窄披针形，稀线状披针形，长 4~12 厘米，边缘羽状浅裂或全缘，具波状齿，内层叶倒向羽状深裂，顶裂片较大，长三角形或戟状三角形，每侧裂片 3~7，窄披针形或线状披针形，全缘或具小齿，两面无毛，叶柄和下面叶脉常紫色。花葶高 5~20 厘米，顶端被蛛丝状毛或近无毛；头状花序径 2~2.5 厘米；总苞长 0.8~1.2 厘米，淡绿色；总苞片 3 层，先端淡紫色，无角状突起，或有时微增厚，外层卵状披针形；内层披针形，长于外层 2 倍；舌状花黄色，稀白色，边缘花舌片背面有紫色条纹，舌片长约 8 毫米。瘦果倒卵状披针形，淡褐色，长 3~4 毫米，上部有刺突，下部有稀疏钝小瘤，顶端渐收缩

成长约 1 毫米圆锥状或圆柱形喙基，喙长 3~4.5 毫米；冠毛白色，长 5~6 毫米。

生长习性：多年生宿根性植物。种子繁殖。种子无休眠期，成熟采收后的种子，从春到秋可随时播种。花果期 7~8 月。

分布与生境：全区普遍分布。生于盐碱地、田边、沟渠旁。

主要化学成分：胡萝卜素类、三萜类、甾醇类、黄酮类、倍半萜内酯类、咖啡酸类、绿原酸、挥发油、香豆素类、酚酸类、脂肪酸、胆碱、果糖、维生素、蛋白质、矿物质等。

用途：药用。全草入药，清热解毒，清肝利胆，消肿散结，利尿通淋。用于治疗目赤、咽痛、肺痈、肠痈、湿热黄疸、热淋涩痛。

碱菀 *Tripolium pannonicum* | 菊科 Asteraceae　碱菀属 *Tripolium*

别名：竹叶菊、铁杆蒿、金盏菜。

形态特征：茎直立。基生叶花期枯萎，茎下部叶线状或长圆状披针形，长5~10厘米，全缘或有疏齿，无毛。头状花序稍小，疏散伞房状排列，辐射状，有异形花，外围有1层雌花，中央有多数两性花，后者有时不育；总苞近钟状，总苞片2~3层，外层较短，稍覆瓦状排列，肉质，边缘近膜质；花托平，蜂窝状，窝孔有齿；雌花舌状，舌片蓝紫或浅红色；两性花黄色，管状，檐部窄漏斗状，有不等长分裂片，花药基部钝，全缘，花柱分枝附片肥厚；冠毛多层，极纤细，有微齿，稍不等长，白或浅红色，花后增长。瘦果窄长圆形，扁，有厚边肋，两面各有1细肋，无毛或有疏毛。

生长习性：一年生草本。喜湿。耐盐碱。花果期8~11月。

分布与生境：分布于银川引黄灌区及固原清水河流域。生于盐碱滩地或河岸边。

主要化学成分：不明确。

用途：①盐碱地改良。强盐碱土和碱土的指示植物。②景观植物。

款冬 *Tussilago farfara* | 菊科 Asteraceae 款冬属 *Tussilago*

别名：冬花、灯花。

形态特征：根状茎褐色，横生地下。早春先抽出花葶数条，高 5~10 厘米，被白茸毛，具互生鳞片状叶 10 多片，淡紫褐色。头状花序直径 2.5~3 厘米，顶生，总苞片 1~2 层，被茸毛；边缘有多层雌花，舌状，黄色，子房下位，柱头 2 裂；中央为两性筒状花，顶端 5 裂，雄蕊 5，花药基部尾状，柱头头状，通常不结实。瘦果长椭圆形，具 5~10 棱；冠毛淡黄色。后生出基生叶，阔心形，长 3~12 厘米，宽 4~14 厘米，边缘有波状顶端增厚的黑褐色的疏齿，下面密生白色茸毛，具掌状网脉，主脉 5~9条；叶柄长 5~15 厘米，被白色绵毛。

生长习性：多年生草本。喜阴湿。根状茎繁殖。花期 2~3 月，果期 4 月。

分布与生境：固原市各县区有分布。生于山间溪流边和河岸潮湿处。

主要化学成分：花含有款冬二醇、芦丁、槲皮、大环内酯型不饱和吡咯双烷生物碱、肾形千里光碱和千里光宁、山奈素 –3-0- 芸香糖苷、槲皮素 –3-0- 芸香糖苷、金丝桃苷（槲皮素 –3-0- 半乳糖苷）、槲皮素 – 3 – 阿拉伯糖苷、山奈酚 –3– 阿拉伯糖苷、槲皮素 –4– 葡萄糖苷、山奈酚 –3– 葡萄糖苷、腺嘌呤核苷、降香醇、山金车二醇、蒲公英黄素、芸香苷、金丝桃苷阿魏酸、对 – 羟基苯甲酸、顺式咖啡酸、反式咖啡酸、咖啡酰酒石酸、山奈酚、款冬酮等；鲜根茎含挥发油、菊糖；根含橡胶、鲍尔烯醇等。

用途：①药用。花蕾入药，有镇咳下气、润肺祛痰的功能。主治咳嗽、气喘、肺痿、咳吐痰血等症。②食用。

苍耳 *Xanthium strumarium* | 菊科 Asteraceae 苍耳属 *Xanthium*

别名：卷耳、葹、苓耳、地葵。

形态特征：茎被灰白色糙伏毛。叶三角状卵形或心形，长4~9厘米，近全缘，基部稍心形或平截，与叶柄连接处呈相等楔形，边缘有粗齿，基脉3出，脉密被糙伏毛，下面苍白色；叶柄长3~11厘米。雄头状花序球形，径4~6毫米，总苞片长圆状披针形，被柔毛，雄花多数，花冠钟形；雌头状花序椭圆形，总苞片外层披针形，长约3毫米，被柔毛，内层囊状，宽卵形或椭圆形，绿、淡黄绿或带红褐色，具瘦果的成熟总苞卵形或椭圆形，连喙长1.2~1.5厘米，背面疏生细钩刺，粗刺长1~1.5毫米，基部不增粗，常有腺点，喙锥形，上端稍弯。瘦果2，倒卵圆形。

生长习性：一年生草本。喜温暖稍湿润气候，耐干旱瘠薄。4月下旬发芽，5~6月出苗，7~9月开花，9~10月果实成熟。

分布与生境：全区均有分布，主要分布于引黄灌区。生于田边、沟渠边、道路旁等。

主要化学成分：叶含苍耳醇、异苍耳醇、苍耳酯等；果实含苍耳甙、脂肪油、树脂、生物碱、维生素C等。

用途：①药用。带总苞的果实入药，散风湿，通鼻窍，止痛杀虫。用于治疗风寒头痛、鼻塞流涕、齿痛、风寒湿痹、四肢挛痛、疥癣、瘙痒。②其他。茎皮制成的纤维可作麻袋、麻绳；苍耳子油是一种高级香料的原料，并可作油漆、油墨及肥皂硬化油等，还可代替桐油。

备注：全株有毒，幼芽和果实的毒性最大，茎叶中都含有对神经及肌肉有毒的物质。

黑三棱 *Sparganium stoloniferum* | 香蒲科 Typhaceae　黑三棱属 *Sparganium*

别名：三棱、泡三棱。

形态特征：块茎膨大，根状茎粗壮。茎直立，高 0.7~1.2 米或更高，挺水。叶长（20~）40~90 厘米，宽 0.7~1.6 厘米，具中脉，上部扁平，下部下面呈龙骨状凸起或棱形，基部鞘状。圆锥花序开展，长 20~60 厘米，具 3~7 侧枝，每侧枝上着生 7~11 雄头状花序和 1~2 雌头状花序，后者径 1.5~2 厘米，花序轴顶端通常具 3~5 雄头状花序或更多，无雌头状花序；雄头状花序呈球形，径约 1 厘米；雄花花被片匙形，膜质，先端浅裂，早落，花药近倒圆锥形，较花丝短1/3；雌花花被长 5~7 毫米，生于子房基部，宿存，子房顶端骤缩，无柄，花柱长约 1.5 毫米，柱头分叉或否，长 3~4 毫米，向上渐尖。果长 6~9 毫米，倒圆锥形，上部通常膨大呈冠状，具棱，成熟时褐色。

生长习性：多年生水生或沼生草本。春季萌发，种子、根茎及块茎繁殖。花果期 5~10 月。

分布与生境：分布于引黄灌区各市县。生于沟渠边或湖泊浅水处。

主要化学成分：山奈酚、5,7,3′,5′– 四羟基双氢黄酮醇 –3–O– β –D– 葡萄糖苷、芦丁、黄酮、三棱二苯乙炔、胡萝卜苷棕榈酸酯、β – 谷甾醇棕榈酸酯、24– 亚甲基环阿尔廷醇、6,7,10– 三羟基 –8– 十八烯酸、香草酸、对羟基苯甲醛、α – 棕榈酸单甘油酯、5– 羟甲基糠醛、β – 谷甾醇、三棱双苯内酯、棕榈酸、棕榈酸单甘油酯、β – 胡萝卜苷、桦木酸、壬二酸、二十二烷酸、阿魏酸、3,5– 二羟基 –4– 甲氧基苯甲酸、阿魏酸单甘油酯、甘露醇、三棱酸、铝合

生物碱糖苷等化合物。

用途：①药用。块茎入药。具有破瘀、行气、消积、止痛、通经、下乳等功效，主要用于症瘕痞块、痛经、瘀血经闭、胸痹心痛、食积胀痛等病症的治疗。②景观植物。

水烛 *Typha angustifolia* | 香蒲科 Typhaceae　香蒲属 *Typha*

别名：狭叶香蒲。

形态特征：根状茎乳黄色、灰黄色，先端白色。地上茎直立，粗壮，高1.5~2.5（~3）米。叶片长54~120厘米，宽0.4~0.9厘米，上部扁平，中部以下腹面微凹，背面向下逐渐隆起呈凸形；叶鞘抱茎。雌雄花序相距2.5~6.9厘米，叶状苞片1~3枚，花后脱落；雌花序长15~30厘米，基部具1枚叶状苞片，通常比叶片宽，花后脱落；子房纺锤形，长约1毫米，具褐色斑点，子房柄纤细，长约5毫米。小坚果长椭圆形，长约1.5毫米，具褐色斑点，纵裂。种子深褐色，长1~1.2毫米。

生长习性：多年生水生或沼生草本。喜光。最适宜的生长温度为15~30℃。花果期6~9月。

分布与生境：主要分布于引黄灌区各市县。生于湖泊、河流、池塘浅水边及农田水渠。

主要化学成分：槲皮素-3,3′-二甲醚-4′-O-β-D-吡喃葡萄糖苷、异鼠李素-4′-O-β-D-吡喃葡萄糖苷、槲皮素-3,3′-二甲醚、正二十六烷酸、谷甾醇、胡萝卜苷等。

用途：①药用。花粉入药，具有止血、化瘀、利尿的功效。主治出血症、瘀血痛症、血淋尿血。②饲料。③食用。幼叶基部和根状茎先端可作蔬食。④景观植物。

⑤其他。叶片用于编织、造纸等；雌花序可作枕芯和坐垫的填充物。

达香蒲 *Typha davidiana* ｜ 香蒲科 Typhaceae　香蒲属 *Typha*

别名： 蒙古香蒲。

形态特征： 根状茎粗壮。茎直立，高约1米。叶长60~70厘米，宽3~5毫米，下面下部凸形；叶鞘长，抱茎。雌雄花序远离；雄花序长12~18厘米，花序轴无毛，基部具1叶状苞片，脱落；雌花序长4.5~11厘米，径1.5~2厘米，叶状苞片比叶宽，脱落；雌花片三角形；孕性雌花子房披针形，具深褐色斑点，子房柄长3~4毫米，花柱很短，柱头线形或披针形，长1~1.2毫米；不孕雌花子房倒圆锥形，具褐色斑点，白色丝状毛生于子房柄基部，果期通常与小苞片和柱头近等长，长于不孕雌花。果长1.3~1.5毫米，披针形，具棕褐色条纹；果柄不等长。种子纺锤形，长约1.2毫米，黄褐色，微弯。

生长习性： 多年生水生或沼生草本。喜光。花果期5~8月。

分布与生境： 分布于引黄灌区各市县。生于湖泊、河流近岸边。

主要化学成分： 不明确。

用途： ①药用。花粉入药，具有止血、化瘀，利尿的功效。主治出血症、瘀血痛症、血淋尿血。②饲料。③食用。幼叶基部和根状茎先端可作蔬食。④景观植物。⑤其他。叶片用于编织、造纸等；雌花序可作枕芯和坐垫的填充物。

长苞香蒲 *Typha domingensis* ｜ 香蒲科 Typhaceae　香蒲属 *Typha*

形态特征：植株高 1~3 米，直立，粗壮，具地下根茎。叶条形，宽 6~15 毫米，基部鞘状，抱茎。穗状花序圆柱状，粗壮，雌雄花序共长达 50 厘米，雌花序和雄花序分离，雄花序在上，长 20~30 厘米，雄花具雄蕊 3 枚，稍长于花药，花粉粒单生；雌花序在下，雌花的小苞片与柱头近等长，柱头条状矩圆形，小苞片及柱头均比毛长。小坚果纺锤形，长约 1.2 毫米，纵裂；果皮具褐色斑点。种子黄褐色，长约 1 毫米。

生长习性：多年生沼生草本。喜光。花果期 6~8 月。

分布与生境：主要分布于引黄灌区各市县。生于湖泊、河流、池塘浅水边及农田水渠。

主要化学成分：二十五烷、β–谷甾醇、6-氨基嘌呤、槲皮素、β–谷甾醇棕榈酸酯、二十五烷、5α–豆甾烷–3,6–二酮、β–谷甾醇。

用途：①药用。花粉入药，具有止血、化瘀、利尿的功效。主治出血症、瘀血痛症、血淋尿血。②饲料。③食用。幼叶基部和根状茎先端可作蔬食。④景观植物。⑤其他。叶片用于编织、造纸等；雌花序可作枕芯和坐垫的填充物。

小香蒲 *Typha minima* ｜ 香蒲科 Typhaceae 香蒲属 *Typha*

形态特征：植株细弱，高 30~50 厘米，根茎粗壮。叶具大形膜质叶鞘，基生叶具细条形叶片，宽不及 2 毫米，茎生叶仅具叶鞘而无叶片。穗状花序长 10~12 厘米，雌雄花序不连接，中间相隔 5~10 毫米；雄花序在上，圆柱状，长 5~9 厘米，雄花具单一雄蕊，基部无毛，花粉粒为四合体；雌花序在下，长椭圆形，长 1.5~4 厘米，成熟时直径 8~15 毫米，雌花有多数基生的顶端稍膨大的长毛，小苞片与毛近等长而比柱头短，子房具长柄，柱头披针形。小坚果椭圆形，纵裂；果皮膜质。种子黄褐色，椭圆形。

生长习性：多年生沼生草本。喜光。花果期 5~8 月。

分布与生境：主要分布于引黄灌区各市县。生于湖泊、河流、池塘浅水边及农田水渠。

主要化学成分：不明确。

用途：①药用。花粉入药，具有止血、化瘀、利尿的功效。主治出血症、瘀血痛症、血淋尿血。②饲料。③食用。幼叶基部和根状茎先端可作蔬食。④景观植物。⑤其他。叶片用于编织、造纸等；雌花序可作枕芯和坐垫的填充物。

菹草 *Potamogeton crispus* │ 眼子菜科 Potamogetonaceae　眼子菜属 *Potamogeton*

别名： 虾藻、虾草、麦黄草等。

形态特征： 根茎圆柱形。茎稍扁，多分枝，近基部常匍匐地面，节生须根。叶条形，长3~8厘米，宽0.5~1厘米，先端钝圆，基部约1毫米与托叶合生，不形成叶鞘，叶缘多少浅波状，具细锯齿，叶脉3~5，平行，顶端连接，中脉近基部两侧伴有通气组织形成的细纹；无柄，托叶薄膜质，长0.5~1厘米，早落；休眠芽腋生，松果状，长1~3厘米，革质叶2列密生，基部肥厚，坚硬，具细齿。穗状花序顶生，花2~4轮，初每轮2朵对生，穗轴伸长后常稍不对称；花序梗棒状，较茎细；花小，花被片4，淡绿色，雌蕊4，基部合生。果基部连合，卵圆形，长约3.5毫米，果喙长达2毫米，稍弯，背脊约1/2以下具齿。

生长习性： 多年生沉水草本。花果期4~7月。

分布与生境： 分布于引黄灌区各市县。生于沟渠、池塘、河流等静、流水体。

主要化学成分： 脂肪酸甘油酯、大柱烷型倍半萜、甾体、脂肪酸、木脂素等。

用途： ①水质净化。②饲料。草食性鱼类的良好天然饵料。③食用。幼嫩茎叶可作蔬菜食用。④景观植物。湖泊、池沼、小水景中的良好绿化材料。

眼子菜 *Potamogeton distinctus* | 眼子菜科 Potamogetonaceae　眼子菜属 *Potamogeton*

别名：鸭子草、水案板、水上漂。

形态特征：根茎白色，径 1.5~2 毫米，多分枝，顶端具纺锤状休眠芽体，节处生须根。茎圆柱形，径 1.5~2 毫米，通常不分枝。浮水叶革质，披针形、宽披针形或卵状披针形，长 2~10 厘米，叶脉多条，顶端连接；叶柄长 5~20 厘米；沉水叶披针形或窄披针形，草质，常早落，具柄；托叶膜质，长 2~7 厘米，鞘状抱茎。穗状花序顶生，花多轮，开花时伸出水面，花后沉没水中；花序梗稍膨大，粗于茎，花时直立，花后自基部弯曲，长 3~10 厘米。花小，花被片 4，绿色；雌蕊 2（稀 1 或 3）。果宽倒卵圆形，长约 3.5 毫米，背部 3 脊，中脊锐，上部隆起，侧脊稍钝。基部及上部各具 2 凸起，喙略下陷而斜，斜生于果腹面顶端。

生长习性：多年生水生草本。4 月上旬越冬芽发育成新的植株，花期 5~6 月，果期 7~8 月。果实、根状茎与根状茎上生长的越冬芽繁殖；当果实成熟后散落水中，由于外果皮疏松贮有空气，因之浮于水面，借水田排灌时传播果实；营养生长前期由根状茎上的芽，发育成新的根状茎及地面的茎叶。

分布与生境：分布于引黄灌区各市县。生于沟渠、池塘、河流等静、流水体。

主要化学成分：不明确。

用途：①药用。全草入药，清热解毒，利尿，消积。用于治疗急性结膜炎、黄疸、水肿、白带、小儿疳积、蛔虫病；外用治痈疖肿毒。②水质净化。

光叶眼子菜 *Potamogeton lucens* | 眼子菜科 Potamogetonaceae 眼子菜属 *Potamogeton*

　　形态特征：具根茎。茎圆柱形，直径约2毫米，上部多分枝，节间较短，下部节间伸长，可达20余厘米。叶长椭圆形、卵状椭圆形至披针状椭圆形，无柄或具短柄；叶片长2~18厘米，宽0.8~3.5厘米，质薄，先端尖锐，常具0.5~2厘米长的芒状尖头；叶脉5~9条，中脉粗大而显著，侧脉细弱；托叶大而显著，绿色，通常不为膜质，与叶片离生，长1~5厘米。穗状花序顶生，具花多轮，密集；花序梗明显膨大呈棒状，较茎粗，长3~20厘米；花小，被片4，绿色；雌蕊4枚，离生。果实卵形，长约3毫米，背部3脊，中脊稍锐，侧脊不明显。

　　生长习性：多年生沉水草本。花果期6~10月。

　　分布与生境：分布于引黄灌区各市县。生于沟渠、池塘、河流等静、流水体。

　　主要化学成分：不明确。

　　用途：水质净化。

浮叶眼子菜 *Potamogeton natans* | 眼子菜科 Potamogetonaceae 眼子菜属 *Potamogeton*

形态特征：根茎白色，常具红色斑点，多分枝，节处生须根。茎圆柱形，径 1.5~2 毫米，通常不分枝，或极少分枝。浮水叶少数，革质，卵形或矩圆状卵形，有时卵状椭圆形，长 4~9 厘米，先端圆或具钝尖头，基部心形或圆，稀渐窄，叶脉 23~35，于叶端连接，其中 7~10 条显著；具长柄，叶柄与叶片连接处反折。沉水叶质厚，叶柄状，半圆柱状线形，长 10~20 厘米，3~5 脉不明显，常早落；托叶近无色，长 4~8 厘米，鞘状抱茎，多脉，常呈纤维质宿存。穗状花序顶生，长 3~5 厘米，花多轮，开花时伸出水面；花序梗稍膨大，粗于茎或与茎等粗，开花时通常直立，花后弯曲而使穗沉没水中，长 3~8 厘米。花小，花被片 4，绿色，肾形或近圆形，径约 2 毫米；雌蕊 4，离生。果倒卵形，常灰黄色，长 3.5~4.5 毫米；背部钝圆，或具不明显中脊。

生长习性：多年生水生草本。喜温暖、水湿和阳光充足环境。耐寒，也耐半阴，怕干旱。生长适温 15~28℃，温度低于 10℃ 时生长停止，冬季能耐 –15℃ 低温。花果期 7~10 月。

分布与生境：分布于引黄灌区各市县。生于沟渠、池塘、河流等静、流水体。

主要化学成分：钙、磷、微量锰等。

用途：①药用。全草入药，具有解热、利水、止血、补虚、健脾的功效。用于治疗目赤红肿、牙痛、水肿、痔疮、蛔虫病、干血痨、小儿疳积。②景观植物。③水质净化。

穿叶眼子菜 *Potamogeton perfoliatus*

眼子菜科 Potamogetonaceae　眼子菜属 *Potamogeton*

形态特征：根茎白色，节生须根。茎圆柱形，径 0.5~2.5 毫米，上部多分枝。叶宽卵形、卵状披针形或近圆形，先端钝圆，基部心形，耳状抱茎，边缘波状，具微齿，基出 3 脉或 5 脉，弧形，顶端连接，次级脉细弱；无柄，托叶较小，膜质，无色，长 3~7 毫米，早落；无特化休眠芽。穗状花序顶生，花 4~7 轮，密集或稍密集；花序梗与茎近等粗，长 2~4 厘米。花小，花被片 4，淡绿或绿色；雌蕊 4，离生。果离生，倒卵圆形，长 3~5 毫米，顶端具 0.5 毫米长的短喙，背部 3 脊，中脊稍锐，侧脊不明显，边缘无齿。

生长习性：多年生沉水草本。花果期 5~10 月。

分布与生境：分布于引黄灌区各市县。生于沟渠、池塘、河流等静、流水体。

主要化学成分：粗蛋白、粗脂肪、粗纤维、胡萝卜素、叶黄素、蝴蝶梅黄素、新黄质等。

用途：①药用。全草入药，渗湿解毒。用于治疗湿疹、皮肤瘙痒。②水质净化。

竹叶眼子菜 *Potamogeton wrightii*

眼子菜科 Potamogetonaceae　眼子菜属 *Potamogeton*

别名： 马来眼子菜。

形态特征： 根茎白色，节生须根。茎圆柱形，径约 2 毫米，不分枝或具少数分枝，节间长达 10 余厘米。叶线形或长椭圆形，长 5~19 厘米，宽 1~2.5 厘米，先端钝圆具小凸尖，基部钝圆或楔形，边缘浅波状，有细微锯齿，中脉显著；叶柄长 2 厘米以上，托叶大，近膜质，无色或淡绿色，与叶片离生，鞘状抱茎，长 2.5~5 厘米。无特化休眠芽。穗状花序顶生，花多轮，密集或稍密集：花序梗稍粗于茎，长 4~7 厘米；花小，花被片 4，绿色：雌蕊 4，离生。果离生，倒卵圆形，长约 3 毫米，两侧稍扁，背部 3 脊，边缘平滑，中脊窄翅状，侧脊锐，喙长约 0.5 毫米。

生长习性： 多年生沉水草本。主要依靠断枝繁殖。花果期 6~10 月。

分布与生境： 分布于引黄灌区各市县。生于沟渠、池塘、河流等静、流水体。

主要化学成分： 不明确。

用途： ①药用。全草药用，具有清热解毒、利尿、消积之功效。主治急性结膜炎、黄疸、水肿、白带。②水质净化。竹叶眼子菜是污染敏感植物，对各种污水有较高的净化能力。③饲料。是草食性鱼类的饵料和猪、鸭的良好饲料。

丝叶眼子菜 *Stuckenia filiformis*

眼子菜科 Potamogetonaceae 篦齿眼子菜属 *Stuckenia*

别名：线叶眼子菜。

形态特征：根茎细长，白色，直径约1毫米，具分枝，常于春末至秋季在主根茎及其分枝顶端形成卵球形休眠芽体。茎圆柱形，纤细，直径约0.5毫米，自基部多分枝，或少分枝；节间常短缩，长0.5~2厘米，或伸长。叶线形，长3~7厘米，宽0.3~0.5毫米，先端钝，基部与托叶贴生成鞘；鞘长0.8~1.5厘米，绿色，合生成套管状抱茎（或至少在幼时为合生的管状），顶端具一长0.5~1.5厘米的无色透明膜质舌片；叶脉3条，平行，顶端连接，中脉显著，边缘脉细弱而不明显，次级脉极不明显。穗状花序顶生，具花2~4轮，间断排列；花序梗细，长10~20厘米，与茎近等粗；花被片4，近圆形，直径0.8~1毫米；雌蕊4，离生，通常仅1~2枚发育为成熟果实。果实倒卵形，长2~3毫米，宽1.5~2毫米，喙极短，呈疣状，背脊通常钝圆。

生长习性：沉水草本。耐盐碱。花果期7~10月。

分布与生境：分布于引黄灌区各市县。生于沟渠、池塘、河流等静、流水体。

主要化学成分：不明确。

用途：水质净化。

篦齿眼子菜 *Stuckenia pectinata*

眼子菜科 Potamogetonaceae　篦齿眼子菜属 *Stuckenia*

形态特征：根茎发达，白色，直径 1~2 毫米，具分枝，常于春末夏初至秋季之间在根茎及其分枝的顶端形成长 0.7~1 厘米的小块茎状的卵形休眠芽体。茎长 50~200 厘米，近圆柱形，纤细，直径 0.5~1 毫米，下部分枝稀疏，上部分枝稍密集。叶线形，长 2~10 厘米，宽 0.3~1 毫米，先端渐尖或急尖，基部与托叶贴生成鞘；鞘长 1~4 厘米，绿色，边缘叠压而抱茎，顶端具长 4~8 毫米的无色膜质小舌片；叶脉 3 条，平行，顶端连接，中脉显著，有与之近于垂直的次级叶脉，边缘脉细弱而不明显。穗状花序顶生，具花 4~7 轮，间断排列；花序梗细长，与茎近等粗；花被片 4，圆形或宽卵形，径约 1 毫米；雌蕊 4 枚，通常仅 1~2 枚可发育为成熟果实。果实倒卵形，长 3.5~5 毫米，宽 2.2~3 毫米，顶端斜生长约 0.3 毫米的喙，背部钝圆。

生长习性：沉水草本。生态幅较宽，在淡水与咸水中均可繁茂生长。花果期 5~10 月。

分布与生境：分布于引黄灌区各市县。生于沟渠、池塘、河流等静、流水体。

主要化学成分：不明确。

用途：①药用。全草入药，有清热解毒之功效。主治肺炎、疮疖。②水质净化。

角果藻 *Zannichellia palustris* | 眼子菜科 Potamogetonaceae 角果藻属 *Zannichellia*

形态特征：根茎匍匐，每节疏生须根。茎直立，细弱，长 3~10（~20）厘米，下部匍匐状、丝状，多分枝。叶互生或近对生，叶线形，长 2~10 厘米，宽 0.3~0.5 毫米，全缘；无柄，基部鞘状，膜质。花小，单性，雌雄同株或异株；花单生或簇生叶腋；雌花花被杯状，具 4 枚离生心皮，稀至 6 枚，子房椭圆形，花柱粗短，后伸长，宿存，柱头斜盾状或不对称漏斗状，胚珠 1，垂悬；雄花无花被，雄蕊 1，花药 2~4 室，纵裂，药隔延至顶端，花丝细长，着生雌花基部。果肾形或新月形，略扁，长 2~6 毫米，常 2~4 枚簇生叶腋，果脊有钝齿，喙长于或等于果长，略背弯。种子直生，子叶卷曲。

生长习性：多年生，稀一年生沉水草本。耐盐碱。花果期 7~9 月。

分布与生境：分布于银川市区。生于池塘、湖泊和缓流河水中。

主要化学成分：不明确。

用途：水质净化。

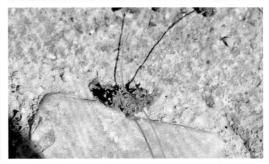

大茨藻 *Najas marina* | 水鳖科 Hydrocharitaceae　茨藻属 *Najas*

形态特征：植株高 0.3~1 米，多汁。茎较粗壮，径 1~4.5 毫米，黄绿至墨绿色，质脆，节间长 1~10 厘米，节部易断裂；分枝多，二叉状，常疏生锐尖粗刺，刺长 1~2 毫米，先端黄褐色，表皮与皮层分界明显。叶近对生或 3 叶轮生，叶线状披针形，稍上弯，长 1.5~3 厘米；先端黄褐色刺尖，具粗锯齿，下面沿中脉疏生长约 2 毫米的刺，全缘或上部疏生细齿，齿端黄褐色刺尖；无柄，叶鞘圆形，抱茎。花单性，雌雄异株，串生叶腋；雄花长约 5 毫米，具瓶状佛焰苞；花被片 1，先端 2 裂：雄蕊 1，花药 4 室；雌花无花被；雌蕊 1，子房 1 室，花柱短，柱头 2~3 裂。瘦果椭圆形或倒卵状椭圆形，长 4~6 毫米。种子卵圆形或椭圆形，种皮质硬，易碎，外种皮细胞多边形，排列不规则。

生长习性：一年生沉水草本。花果期 9~11 月。

分布与生境：分布于银川市区。生于池塘、湖泊和缓流河水中。

主要化学成分：不明确。

用途：①饲料。全草可作绿肥和饲料。②水质净化。

小茨藻 *Najas minor* | 水鳖科 Hydrocharitaceae　茨藻属 *Najas*

　　形态特征：植株纤细，下部匍匐，上部直立，节部易断裂。茎光滑，黄绿至深绿色，分枝二叉状，基部节生不定根。茎下部叶近对生，上部叶呈 3 叶假轮生，于枝端较密集。叶线形，长 1~3 厘米，具锯齿，上部渐窄向背面弯曲，先端黄褐色刺尖；无柄；叶鞘上部倒心形，长约 2 毫米，叶耳近圆形，上部及外侧具细齿。花小，单性同株，单生叶腋；雄花浅黄绿色，长约 1 毫米，具瓶状佛焰苞；花被囊状，先端 2 浅裂；雄蕊 1，花药 1 室；雌花无佛焰苞和花被，雌蕊 1，花柱细长，柱头 2 裂。瘦果黄褐色，窄椭圆形，长 2~3 毫米，上部渐窄而稍弯。种皮坚硬，易碎，表皮细胞纺缍形，横向长于轴向，梯状排列，于两尖端连接处形成脊状突起。

　　生长习性：一年生沉水草本。花果期 6~10 月。

　　分布与生境：分布于银川市区。生于池塘、湖泊和缓流河水中。

　　主要化学成分：不明确。

　　用途：水质净化。

海韭菜 *Triglochin maritima* │ 水麦冬科 Juncaginaceae　水麦冬属 *Triglochin*

形态特征：植株稍粗壮。根茎短，常有棕色纤维质叶鞘残迹，须根多数。叶基生，条形，长 7~30 厘米，基部具鞘，鞘缘膜质。花葶直立，较粗壮，圆柱形，无毛；总状花序顶生，花较紧密，无苞片；花梗长约 1 毫米，花后长 2~4 毫米；花被片 6，2 轮，绿色，外轮宽卵形，内轮较窄；雄蕊 6，无花丝；雌蕊由 6 枚合生心皮组成，柱头毛笔状。蒴果六棱状椭圆形或卵圆形，长 3~5 毫米，径约 2 毫米，成熟时 6 瓣裂，顶部联合。

生长习性：多年生湿生草本。喜生于湿地上或碱滩。花果期 6~10 月。

分布与生境：分布于固原市各县区。生于沼泽型草甸。

主要化学成分：幼果、花、成熟果、茎、叶均含氢氰酸、乙醛和乙醇；叶含哌啶酸 -2。

用途：①药用。全草入药，清热养阴，生津止渴。用于治疗阴虚潮热、胃热烦渴、口干舌燥。②饲料。饲用价值较高的野生植物。

备注：该物种为中国植物图谱数据库收录的有毒植物，其毒性为全草有毒。

水麦冬 *Triglochin palustris* | 水麦冬科 Juncaginaceae 水麦冬属 *Triglochin*

形态特征：植株弱小，根茎短，常有纤维质叶鞘残迹，须根多数。叶基生，条形，长达 20 厘米，先端钝，基部具鞘，鞘缘膜质。花葶直立，细长，圆柱形，无毛；花序总状，花较疏散，无苞片；花梗长约 2 毫米；花被片 6，2 轮，绿紫色，椭圆形或舟形，长 2~2.5 毫米；雄蕊 6，近无花丝，花药卵形，长约 1.5 毫米，2 室；雌蕊由 3 枚合生心皮组成，柱头毛笔状。蒴果棒状条形，长 6~8 毫米或更长，径 1.5 毫米，成熟时由下向上 3 瓣裂，顶部联合。

生长习性：多年生湿生草本。花果期 6~10 月。

分布与生境：全区均有分布。生于有水的盐碱地、潮湿河床。

主要化学成分：不明确。

用途：①药用。果实入药，消炎，止泻。藏医常用于治眼痛、腹泻。②景观植物。

备注：该物种为中国植物图谱数据库收录的有毒植物，其毒性为全草有毒。

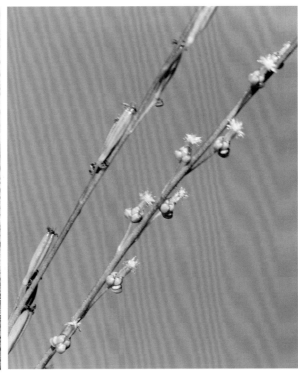

草泽泻 *Alisma gramineum* | 泽泻科 Alismataceae 泽泻属 *Alisma*

形态特征：叶全部基生；水生型植物的叶浮水或沉水，条形，长20~100厘米，宽3~10毫米；陆生型植物的叶长圆状披针形或披针形，长4~15厘米，宽1~2.5厘米，顶端渐尖，基部楔形；叶柄短或长于叶片。水生型植物的花葶上部露出水面，与叶等长或比叶长；陆生型植物的花葶直立或斜生，高20~80厘米，比叶长两倍或与叶近等长；花轮生呈伞形，伞形花序的梗长短不等，通常3~15厘米长，纤细，3~4枚轮生，再集合成圆锥花序；水生型植物的花闭合，陆生型植物的花开张；外轮花被片3，片状，内轮花被片3，花瓣状，白色；雄蕊6；心皮多数，轮生，花柱比子房短，弯曲。瘦果背部有1~2浅沟。

生长习性：多年生沼生植物。生长季节为春、夏、秋，20~30℃，耐阴、喜湿。分株或种子繁殖。花果期6~9月。

分布与生境：分布于银川市。生于沟渠水中或河湖浅水中。

主要化学成分：16, 23–氧化泽泻醇、11–去氧泽泻醇、泽泻醇、16–β–甲氧基泽泻醇B单乙酯、16–β–羟基泽泻醇B单乙酯等。

用途：药用。块茎药用。具有利水渗湿、泄热通淋的功效。主治小便淋沥涩痛、水肿、泄泻、早泄、小阴茎、阳痿、月经不调。

泽泻 *Alisma plantago-aquatica* | 泽泻科 Alismataceae 泽泻属 *Alisma*

别名: 水泽、如意花、车苦菜、天鹅蛋、天秃、一枝花。

形态特征: 块茎直径1~3.5厘米,或更大。叶通常多数;沉水叶条形或披针形;挺水叶宽披针形、椭圆形至卵形,长2~11厘米,宽1.3~7厘米,叶脉通常5条,叶柄长1.5~30厘米。花葶高78~100厘米,或更高;花序长15~50厘米,或更长,具3~8轮分枝,每轮分枝3~9枚。花两性,花梗长1~3.5厘米;外轮花被片广卵形,长2.5~3.5毫米,宽2~3毫米,通常具7脉,边缘膜质,内轮花被片近圆形,远大于外轮,边缘具不规则粗齿,白色,粉红色或浅紫色;心皮17~23枚,排列整齐。瘦果椭圆形,或近矩圆形,长约2.5毫米,宽约1.5毫米,背部具1~2条不明显浅沟,下部平,果喙自腹侧伸出,喙基部凸起,膜质。种子紫褐色,具凸起。

生长习性: 多年生水生或沼生草本。适宜生长温度20~30℃、耐阴、喜湿。种子繁殖,分芽繁殖或块茎繁殖。花果期5~10月。

分布与生境: 全区均有分布。生于水库上游或排水沟、河湖岸边。

主要化学成分: 四环三萜、倍半萜、二萜类化合物。另外也含有脂肪酸、泽泻醇A24-乙酸酯、16,23-氧化泽泻醇B、11-去氧泽泻醇 B 23-乙酸酯、11-去氧泽泻醇C23-乙酸酯、阿曼托黄素、2,2′,4-三羟基查耳酮、β-谷甾醇等。

用途: ①药用。块茎入药,具有利水渗湿、泄热、化浊降脂的功效。可以用于治疗水湿内停的小便不利、水肿以及下焦湿热的泻痢、湿热淋浊或湿热带下等症;可以清肾火,用于治疗肾虚火旺的五心烦热、口干舌燥、尿频、尿少、尿黄;可以化浊降脂,可以用于治疗高血压、冠心病、脂肪肝以及肝硬化水肿等。②景观植物。

备注: 全株有毒。

野慈姑 *Sagittaria trifolia* | 泽泻科 Alismataceae　慈姑属 *Sagittaria*

别名：慈姑、狭叶慈姑、三脚剪、水芋、长瓣慈菇。

形态特征：具匍匐茎或球茎；球茎小，最长2~3厘米。叶基生，挺水；叶片箭形，大小变异很大，顶端裂片与基部裂片间不缢缩，顶端裂片短于基部裂片，比值约1∶2~1∶1.5，基部裂片尾端线尖；叶柄基部鞘状。花序圆锥状或总状，总花梗长20~70厘米，花多轮，最下一轮常具1~2分枝；苞片3，基部多少合生；花单性，下部1~3轮为雌花，上部多轮为雄花；萼片椭圆形或宽卵形，长3~5毫米，反折；花瓣白色，约为萼片2倍；雄花：雄蕊多数，花丝丝状，长1.5~2.5毫米，花药黄色，长1~1.5毫米；雌花：心皮多数，离生。瘦果两侧扁，倒卵圆形，具翅，背翅宽于腹翅，具微齿，喙顶生，直立。

生长习性：多年生沼生草本。适应性强，喜光，喜在水肥充足的沟渠及浅水中生长。喜温暖湿润环境，生长的适宜温度为20~25℃。宜肥沃的黏壤土。用球茎或顶芽进行繁殖。

分布与生境：分布于中宁、银川、平罗等地。生于沟渠及河湖岸边。

主要化学成分：地上部分含生物碱、少量皂苷和黄酮；根含淀粉及各种糖类（D-棉籽糖、D-水苏糖、D-毛蕊糖、D-果糖、D-半乳糖及葡萄糖）、天门冬酰胺、维生素B和胰蛋白酶抑制物等。

用途：①药用。球茎入药，有解毒疗疮、清热利胆的功效。治黄疸、瘰疬、蛇咬伤。②景观植物。

花蔺 *Butomus umbellatus* | 花蔺科 Butomaceae 花蔺属 *Butomus*

形态特征：根茎横走或斜生，节生多数须根。叶基生，上部伸出水面，三棱状、条形，长 0.3~1.2 米，宽 0.3~1 厘米，先端渐尖，基部鞘状，鞘缘膜质。花葶圆柱形，长 0.7~1.5 米；伞形花序顶生，具多花；苞片 3，卵形，长约 2 厘米，先端渐尖；花两性；花梗长 4~10 厘米；花径 1.5~2.5 厘米；花被片 6，宿存，外轮花被片较小，萼片状，绿色，稍带红色，内轮的较大，花瓣状，粉红色；雄蕊 9，花丝扁，基部稍宽；心皮 6，1 轮，基部联合成环，胚珠多数，柱头纵折状，外曲。蓇葖果沿腹缝开裂，顶端具长喙。种子多数，细小，具沟纹。

生长习性：多年生水生草本，丛生。生长于沼泽、湿地中，水稻田中也很常见。喜温暖、湿润，在通风良好的环境中生长最佳。花果期 7~9 月。

分布与生境：分布于银川市。生于湖泊、水塘、沟渠的浅水中或沼泽里。

主要化学成分：不明确。

用途：①景观植物。花供观赏。②其他。叶可作编织及造纸原料；根茎可酿酒，又可制淀粉用。

苇状看麦娘 *Alopecurus arundinaceus* | 禾本科 Poaceae 看麦娘属 *Alopecurus*

别名：大看麦娘。

形态特征：具根茎。秆直立，单生或少数丛生，高 20~80 厘米，具 3~5 节。叶鞘松弛大都短于节间；叶舌膜质，长约 5 毫米；叶片斜向上升，长 5~20 厘米，宽 3~7 毫米，上面粗糙，下面平滑。圆锥花序长圆状圆柱形，长 2.5~7 厘米，宽 6~10 毫米，灰绿色或成熟后黑色；小穗长 4~5 毫米，卵形；颖基部约 1/4 互相连合，顶端尖，稍向外张开，脊上具纤毛，两侧无毛或疏生短毛；外稃较颖短，先端钝，具微毛，芒近于光滑，约自稃体中部伸出，长 1~5 毫米，隐藏或稍露出颖外；雄蕊 3，花药黄色，长 2.5~3 毫米。

生长习性：多年生草本。喜寒冷、湿润气候，不耐干旱和炎热。抗寒性、抗冻能力强。春季萌发早，晚秋仍可利用。喜湿润而有机质含量多的黏壤土、黏土。酸性土、盐渍化土壤生长不良。花果期 7~9 月。

分布与生境：分布于固原市各县区。生于农田水渠、溪流边。

主要化学成分：不明确。

用途：①饲料。②其他。可作为改良草甸草原和建立人工割草地很有前途的多年生禾草。

荩草 *Arthraxon hispidus* ｜ 禾本科 Poaceae 荩草属 *Arthraxon*

别名：绿竹。

形态特征：秆细弱，无毛，基部倾斜，高 30~60 厘米，具多节，常分枝，基部节着地易生根。叶鞘短于节间，生短硬疣毛；叶舌膜质，长 0.5~1 毫米，边缘具纤毛；叶片卵状披针形，长 2~4 厘米，宽 0.8~1.5 厘米，基部心形，抱茎，除下部边缘生疣基毛外余均无毛。总状花序细弱，长 1.5~4 厘米，2~10 枚呈指状排列或簇生于秆顶；总状花序轴节间无毛，长为小穗的 2/3~3/4；无柄小穗卵状披针形，呈两侧压扁，长 3~5 毫米，灰绿色或带紫；第一颖草质，边缘膜质，包住第二颖 2/3，具 7~9 脉，脉上粗糙至生疣基硬毛，尤以顶端及边缘为多，先端锐尖；第二颖近膜质，与第一颖等长，舟形，脊上粗糙，具 3 脉而 2 侧脉不明显，先端尖；第一外稃长圆形，透明膜质，先端尖，长为第一颖的 2/3；第二外稃与第一外稃等长，透明膜质，近基部伸出一膝曲的芒；芒长 6~9 毫米，基部扭转；雄蕊 2；花药黄色或带紫色，长 0.7~1 毫米。颖果长圆形，与稃体等长。有柄小穗退化仅到针状刺，柄长 0.2~1 毫米。

生长习性：一年生草本。喜阴湿。花果期 9~11 月。

分布与生境：全区有分布。生于水渠边、田埂或草坪。

主要化学成分：叶和茎含乌头酸、木犀草素、木犀草素 –7– 葡萄糖甙、荩草素。

用途：①药用。全草入药，止咳，定喘，杀虫。治久咳喘逆、洗疮。②其他。汁液可作黄色染料，用于丝、毛织物染色。

菵草 *Beckmannia syzigachne* | 禾本科 Poaceae 菵草属 *Beckmannia*

别名：菵米、水稗子。

形态特征：秆直立，高 15~90 厘米，具 2~4 节。叶鞘无毛，多长于节间；叶舌透明膜质，长 3~8 毫米；叶片扁平，长 5~20 厘米，宽 3~10 毫米，粗糙或下面平滑。圆锥花序长 10~30 厘米，分枝稀疏，直立或斜升；小穗扁平，圆形，灰绿色，常含 1 小花，长约 3 毫米；颖草质；边缘质薄，白色，背部灰绿色，具淡色的横纹；外稃披针形，具 5 脉，常具伸出颖外之短尖头；花药黄色，长约 1 毫米。颖果黄褐色，长圆形，长约 1.5 毫米，先端具丛生短毛。花果期 4~10 月。

生长习性：一年生草本。种子繁殖，分蘖能力较差。一般在 5 月发芽出土，不久开始分蘖拔节，6~8 月开花结实。种子成熟后立即枯黄。由于生长迅速，可抑制其他草类的生长。具有耐盐性。

分布与生境：分布于固原市原州区。生于水库上游或堰塞湖边缘。

主要化学成分：不明确。

用途：①药用。全草药用。具有清热、利胃肠、益气的功效。主治感冒发热、食滞胃肠、身体乏力。②饲料。

拂子茅 *Calamagrostis epigeios* ｜ 禾本科 Poaceae　拂子茅属 *Calamagrostis*

形态特征：具根状茎。秆直立，平滑无毛或花序下稍粗糙，高 45~100 厘米。叶鞘平滑或稍粗糙，短于或基部长于节间；叶舌膜质，长 5~9 毫米，长圆形，先端易破裂；叶片长 15~27 厘米，宽 4~8（13）毫米，扁平或边缘内卷，上面及边缘粗糙，下面较平滑。圆锥花序紧密，圆筒形，长 10~25（30）厘米，中部径 1.5~4 厘米，分枝粗糙，直立或斜向上升；小穗长 5~7 毫米，淡绿色或带淡紫色；雄蕊 3，花药黄色，长约 1.5 毫米。

生长习性：多年生草本。是组成平原草甸和山地河谷草甸的建群种。花果期 5~9 月。

分布与生境：全区均有分布。生于潮湿地及河岸沟渠旁。

主要化学成分：不明确。

用途：①药用。全草药用。具有催产助生功效，用作催产及产后止血。②饲料。③水土保持。可固定泥沙、保护河岸。

假苇拂子茅 *Calamagrostis pseudophragmites*

禾本科 Poaceae   拂子茅属 *Calamagrostis*

形态特征： 秆直立，高 40~100 厘米，径 1.5~4 毫米。叶鞘平滑无毛，或稍粗糙，短于节间，有时在下部者长于节间；叶舌膜质，长 4~9 毫米，长圆形，顶端钝而易破碎；叶片长 10~30 厘米，宽 1.5~5（7）毫米，扁平或内卷，上面及边缘粗糙，下面平滑。圆锥花序长圆状披针形，疏松开展，长 10~20（35）厘米，宽（2）3~5 厘米，分枝簇生，直立，细弱，稍糙涩；小穗长 5~7 毫米，草黄色或紫色；颖线状披针形，成熟后张开，顶端长渐尖，不等长，第二颖较第一颖短 1/4~1/3，具 1 脉或第二颖具 3 脉，主脉粗糙；外稃透明膜质，长 3~4 毫米，具 3 脉，顶端全缘，稀微齿裂，芒自顶端或稍下伸出，细直，细弱，长 1~3 毫米，基盘的柔毛等长或稍短于小穗；内稃长为外稃的 1/3~2/3；雄蕊 3，花药长 1~2 毫米。

生长习性： 假苇拂子茅是典型的中生多年生草本植物，是低湿地草甸或沼泽化草甸的优势种或主要伴生种。春季 4 月萌发，花果期 7~9 月。

分布与生境： 全区均有分布。生于山坡草地或河岸阴湿之处。

主要化学成分： 不明确。

用途： ①饲料。②水土保持。根状茎发达，能护堤固岸，稳定河床，是良好的水土保持植物。③其他。可作造纸及人造纤维工业的原料。

隐花草 *Crypsis aculeata* | 禾本科 Poaceae 隐花草属 *Crypsis*

形态特征：须根细弱。秆平卧或斜向上升，具分枝，光滑无毛，高 5~40 厘米。叶鞘短于节间，松弛或膨大；叶舌短小，顶生纤毛；叶片线状披针形，扁平或对折，边缘内卷，先端呈针刺状，上面微糙涩，下面平滑，长 2~8 厘米，宽 1~5 毫米。圆锥花序短缩成头状或卵圆形，长约 16 毫米，宽 5~13 毫米，下面紧托两枚膨大的苞片状叶鞘，小穗长约 4 毫米，淡黄白色；颖膜质，不等长，顶端钝，具 1 脉，脉上粗糙或生纤毛，第一颖长约 3 毫米，窄线形，第二颖长约 3.5 毫米，披针形；外稃长于颖，薄膜质，具 1 脉，长约 4 毫米；内稃与外稃同质，等长或稍长于外稃，具极接近而不明显的 2 脉，雄蕊 2，花药黄色，长 1~1.3 毫米。囊果长圆形或楔形，长约 2 毫米。

生长习性：一年生草本。为盐碱地指示植物。花果期 5~9 月。

分布与生境：分布于银川各市县。生于河岸、沟旁及盐碱地。

主要化学成分：不明确。

用途：①环境保护。为盐碱土指示植物。②饲料。

蔺状隐花草 *Crypsis schoenoides* | 禾本科 Poaceae 隐花草属 *Crypsis*

形态特征： 须根细弱。秆向上斜升或平卧，平滑，常有分枝，高 5~17 厘米，有 3~5 节。叶鞘常短于节间，疏松而多少肿胀，平滑；叶舌短小，成为一圈纤毛状；叶片长 2~5.5 厘米，宽 1~4 毫米，上面被微毛或柔毛，下面无毛或有稀疏的柔毛，先端常内卷如针刺状。圆锥花序紧缩成穗状、圆柱状或长圆形，长 1~3 厘米，宽 5~8 毫米，其下托以一膨大的苞片状叶鞘；小穗长约 3 毫米，淡绿色或紫红色；颖膜质，具 1 脉成脊，脊上生短刺毛，第一颖长 2.2~2.5 毫米，第二颖长 2.5~2.8 毫米，外稃长约 3 毫米，具 1 脉，脉上生微刺毛；内稃略短于外稃或等长；雄蕊 3，花药黄色，长约 1 毫米。囊果小，长约 1.5 毫米，椭圆形。

生长习性： 一年生草本，丛生。常生于平原绿洲上的河漫滩、水边湿地等沼泽化低地草甸，土壤多轻中度盐渍化。花果期 6~9 月。

分布与生境： 分布于银川各市县。生于沟旁及盐碱地或路边。

主要化学成分： 不明确。

用途： ①饲料。②其他。纤维植物。

长芒稗 *Echinochloa caudata* | 禾本科 Poaceae 稗属 *Echinochloa*

形态特征：秆高1~2米。叶鞘无毛或常有疣基毛（或毛脱落仅留疣基），或仅有粗糙毛或仅边缘有毛；叶舌缺；叶片线形，长10~40厘米，宽1~2厘米，两面无毛，边缘增厚而粗糙。圆锥花序稍下垂，长10~25厘米，宽1.5~4厘米；主轴粗糙，具棱，疏被疣基长毛；分枝密集，常再分小枝；小穗卵状椭圆形，常带紫色，长3~4毫米，脉上具硬刺毛，有时疏生疣基毛；第一颖三角形，长为小穗的1/3~2/5，先端尖，具三脉；第二颖与小穗等长，顶端具长0.1~0.2毫米的芒，具5脉；第一外稃草质，顶端具长1.5~5厘米的芒，具5脉，脉上疏生刺毛，内稃膜质，先端具细毛，边缘具细睫毛；第二外稃革质，光亮，边缘包着同质的内稃；鳞被2，楔形，折叠，具5脉；雄蕊3；花柱基分离。

生长习性：一年生草本。喜高温、多湿、短日照。花果期夏秋季。

分布与生境：主要分布于引黄灌区。多生于田边、路旁及河边湿润处。

主要化学成分：不明确。

用途：饲料。

稗 *Echinochloa crusgalli* │ 禾本科 Poaceae 稗属 *Echinochloa*

别名：稗子。

形态特征：秆高 50~150 厘米，光滑无毛，基部倾斜或膝曲。叶鞘疏松裹秆，平滑无毛，下部者长于而上部者短于节间；叶舌缺；叶片扁平，线形，长 10~40 厘米，宽 5~20 毫米，无毛，边缘粗糙。圆锥花序直立，近尖塔形，长 6~20 厘米；主轴具棱，粗糙或具疣基长刺毛；分枝斜上举或贴向主轴，有时再分小枝；穗轴粗糙或生疣基长刺毛；小穗卵形，长 3~4 毫米，脉上密被疣基刺毛，具短柄或近无柄，密集在穗轴的一侧；第一颖三角形，长为小穗的 1/3~1/2，具 3~5 脉，脉上具疣基毛，基部包卷小穗，先端尖；第二颖与小穗等长，先端渐尖或具小尖头，具 5 脉，脉上具疣基毛；第一小花通常中性，其外稃草质，上部具 7 脉，脉上具疣基刺毛，顶端延伸成一粗壮的芒，芒长 0.5~1.5（~3）厘米，内稃薄膜质，狭窄，具 2 脊；第二外稃椭圆形，平滑，光亮，成熟后变硬，顶端具小尖头，尖头上有一圈细毛，边缘内卷，

包着同质的内稃，但内稃顶端露出。

生长习性：一年生草本。喜高温、多湿、短日照，对土壤要求不严。幼苗发芽最低温度 10~12℃，最适 28~32℃。分蘖期日均 20℃以上，穗分化适温 30℃左右；低温使枝梗和颖花分化延长。抽穗适温 25~35℃。开花最适温 30℃左右。花果期夏秋季。

分布与生境：主要分布于引黄灌区。多生于沼泽地、沟边及水稻田中。

主要化学成分：不明确。

用途：①药用。果实及茎叶入药，益气补脾。苗、根治外伤出血。②饲料。

无芒稗 *Echinochloa crusgalli* var. *mitis* ｜ 禾本科 Poaceae　稗属 *Echinochloa*

形态特征：秆高 50~120 厘米，直立，粗壮；叶片长 20~30 厘米，宽 6~12 毫米。圆锥花序直立，长 10~20 厘米，分枝斜上举而开展，常再分枝；小穗卵状椭圆形，长约 3 毫米，无芒或具极短芒，芒长常不超过 0.5 毫米，脉上被疣基硬毛。

生长习性：一年生草本。喜高温、多湿、短日照，对土壤要求不严。

分布与生境：主要分布于引黄灌区。多生于田边、路旁及河边湿润处。

主要化学成分：不明确。

用途：饲料。

湖南稗子 *Echinochloa frumentacea* | 禾本科 Poaceae 稗属 *Echinochloa*

形态特征：秆粗壮，高100~150厘米，径5~10毫米。叶鞘光滑无毛，大都短于节间；叶舌缺；叶片扁平，线形，长15~40厘米，宽10~24毫米，质较柔软，无毛，先端渐尖，边缘变厚或呈波状。圆锥花序直立，长10~20厘米；主轴粗壮，具棱，棱边粗糙，具疣基长刺毛；分枝微呈弓状弯曲；小穗卵状椭圆形或椭圆形，长3~5毫米，绿白色，无疣基毛或疏被硬刺毛，无芒；第一颖短小，三角形，长约为小穗的1/3~2/5；第二颖稍短于小穗；第一小花通常中性，其外稃草质，与小穗等长，内稃膜质，狭窄；第二外稃革质，平滑而光亮，成熟时露出颖外，顶端具小尖头，边缘内卷，包着同质的内稃。

生长习性：一年生草本。喜温，喜湿，对土壤要求不严，无论砂壤土、黏壤土上均能生长。花果期8~9月。

分布与生境：主要分布于永宁、陶乐、石嘴山等地黄河岸边。

用途：①饲料。可作优良饲料。②粮食。种子可作为粮食。

紫芒披碱草 *Elymus purpuraristatus* | 禾本科 Poaceae 披碱草属 *Elymus*

形态特征：秆较粗壮，高可达160厘米，秆、叶、花序皆被白粉，基部节间呈粉紫色。叶鞘无毛；叶片常内卷，长15~25厘米，宽2.5~4毫米，上面微粗糙，下面平滑。穗状花序直立或微弯曲，细弱，较紧密，呈粉紫色，长8~15厘米，穗轴边缘具小纤毛，每节具2枚小穗；小穗粉绿而带紫色，长10~12毫米，含2~3小花；颖披针形至线状披针形，长7~10毫米，先端具长约1毫米的短尖头，具3脉，脉上具短刺毛，边缘、先端及基部皆点状粗糙，并夹以紫红色小点；外稃长圆状披针形，背部全体被毛，亦具紫红色小点，尤以先端、边缘及基部更密，第一外稃长6~9毫米，先端芒长7~15毫米，芒紫色，被毛；内稃与外稃等长或稍短，脊上被短毛，其毛在中部以下渐稀疏而细小。

生长习性：一年生草本。喜湿。

分布与生境：分布于固原市及同心县。生于河岸湿地、盐碱滩地。

主要化学成分：不明确。

用途：①水土保持。②饲料。

紫大麦草 *Hordeum roshevitzii* | 禾本科 Poaceae 大麦属 *Hordeum*

形态特征：具短根茎。秆直立，丛生，光滑无毛，高 30~70 厘米，质较软，具 3~4 节。叶鞘基部者长于而上部者短于节间；叶舌膜质，长约 0.5 毫米；叶片长 3~14 厘米，宽 3~4 毫米，常扁平。穗状花序长 4~7 厘米，宽 5~6 毫米，绿色或带紫色；穗轴节间长约 2 毫米，边具纤毛；三联小穗的两侧生长约 1 毫米的柄，颖及外稃均为刺芒状；中间小穗无柄；颖刺芒状，长 6~8 毫米；外稃披针形，长 5~6 毫米，背部光滑，先端具长 3~5 毫米的芒，内稃与外稃等长；花药长约 1.5 毫米。

生长习性：多年生草本。耐高温，耐低温。4 月中旬至 5 月中旬返青，7 月上旬抽穗，7 对中旬开花，7 月末、8 月初种子成熟。生育期为 90~120 天。分蘖力和再生力较强。适应性较强。花、果期 6~8 月。

分布与生境：分布于固原市原州区。生于河边或沼泽草地。

主要化学成分：不明确。

用途：饲料。优等饲用禾草。

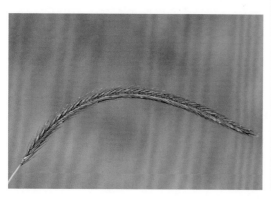

赖草 *Leymus secalinus* ｜ 禾本科 Poaceae　赖草属 *Leymus*

形态特征：植株具下伸和横走根茎。秆单生或疏丛生，直立，高 0.4~1 米，上部密生柔毛，花序下部毛密，具 3~5 节。叶鞘无毛或幼时上部具纤毛；叶平展或干时内卷，长 8~30 厘米，宽 4~7 毫米，上面及边缘粗糙或被柔毛，下面无毛，微粗糙或被微毛。穗状花序灰绿色，直立，长 10~15（24）厘米，径 1~1.7 厘米；穗轴节间长 3~7 毫米，被柔毛。小穗（1）2~3（4）生于穗轴每节，长 1~2 厘米，具 4~7（~10）小花；小穗轴节间长 1~1.5 毫米，贴生毛；颖线状披针形，1~3 脉，先端芒尖，边缘被纤毛，第一颖长 0.8~1.3 厘米，第二颖长 1.1~1.7 厘米。外稃披针形，5 脉，被柔毛，先端芒长 1~3 毫米，基盘被柔毛，第一外稃长 0.8~1.4 厘米；内稃与外稃近等长，脊上半部被纤毛；花药长 3.5~4 毫米。

生长习性：多年生草本。耐旱、耐寒，也能忍耐轻度盐渍化土壤。春季萌发早，一般在 3 月底到 4 月初返青，5 月下旬抽穗，6~7 月开花，7~8 月种子成熟。其生长形态随环境而变化较大。在干旱或盐渍较重的生境，生长低矮，有时仅有 3~4 片基生叶，而生长在水分条件较好、盐渍化程度较轻的河谷冲积平原荒地或水渠边沿时，能生长成繁茂的株丛，并以强壮的根茎迅速繁衍，成为独立的优势群落。

分布与生境：全区分布。生于河岸湿地、盐碱滩地。

主要化学成分：尚不明确。

用途：①药用。根可入药，清热利湿、止血、平喘。可治感冒、哮喘、咳血、淋症、赤白带下等。②饲料。③水土保持。

荻 *Miscanthus sacchariflorus* | 禾本科 Poaceae 芒属 *Miscanthus*

形态特征： 具发达被鳞片的长匍匐根状茎，节处生有粗根与幼芽。秆直立，高1~1.5米，直径约5毫米，具10多节，节生柔毛。叶鞘无毛，长于或上部者稍短于其节间；叶舌短，长0.5~1毫米，具纤毛；叶片扁平，宽线形，长20~50厘米，宽5~18毫米，除上面基部密生柔毛外两面无毛，边缘锯齿状粗糙。圆锥花序疏展成伞房状，长10~20厘米，宽约10厘米；主轴无毛，具10~20枚较细弱的分枝；小穗线状披针形，长5~5.5毫米，成熟后带褐色，基盘具长为小穗2倍的丝状柔毛；第一颖2脊间具1脉或无脉，顶端膜质长渐尖，边缘和背部具长柔毛；第二颖与第一颖近等长，顶端渐尖，与边缘皆为膜质，并具纤毛，有3脉，背部无毛或有少数长柔毛；第一外稃稍短于颖，先端尖，具纤毛；第二外稃狭窄披针形，短于颖片的1/4，顶端尖，具小纤毛，无脉或具1脉，稀有1芒状尖头；第二内稃长约为外稃之半，具纤毛；雄蕊3枚，花药长约2.5毫米；柱头紫黑色，自小穗中部以下的两侧伸出。颖果长圆形，长1.5毫米。

生长习性： 多年生草本。中生性的高大禾草，常常形成大面积的草甸，繁殖力强，可用茎、根状茎和种子进行繁殖，耐瘠薄土壤。花果期8~10月。

分布与生境： 分布于引黄灌区。生于农田水渠、地埂、河岸湿地。

主要化学成分： 叶绿素、维生素C、多糖、酚酸、纤维素、总氨基酸、微量元素等。

用途： ①景观植物。②饲料。

稻 *Oryza sativa* | 禾本科 Poaceae 稻属 *Oryza*

形态特征：秆直立。叶舌膜质，披针形，幼时有明显的叶耳；叶片披针形至条状披针形。圆锥花序疏松，小穗矩圆形，两侧压扁，含3小花，下方2小花退化仅存极小的外稃而位于一两性小花之下；颖强烈退化，在小穗柄的顶端呈半月状的痕迹；外稃退化；两性小花外稃常具细毛，有芒或无芒；内稃具3脉；雄蕊6枚。

生长习性：一年生草本。喜高温、多湿、短日照，对土壤要求不严。幼苗发芽最低温度10~12℃，最适28~32℃。分蘖期日均20℃以上，穗分化适温30℃左右；低温使枝梗和颖花分化延长。抽穗适温25~35℃。开花最适温30℃左右。

分布与生境：引黄灌区大面积种植。

主要化学成分：茎秆主要含纤维素、木质素、葡萄糖等；果实主要含淀粉、蛋白质等。

用途：①粮食。主要粮食作物之一。②药用。稻芽可入药，具有消食和中、健脾开胃的功效。用于治疗食积不消、腹胀口臭、脾胃虚弱、不饥食少。

芦苇 *Phragmites australis* | 禾本科 Poaceae 芦苇属 *Phragmites*

形态特征：秆高 1~3（~8）米，径 1~4 厘米，具 20 多节，最长节间位于下部第 4~6 节，长 20~25（40）厘米，节下被蜡粉。叶鞘下部者短于上部者，长于节间；叶舌边缘密生一圈长约 1 毫米纤毛，两侧缘毛长 3~5 毫米，易脱落；叶片长 30 厘米，宽 2 厘米。圆锥花序长 20~40 厘米，宽约 10 厘米，分枝多数，长 5~20 厘米，着生稠密下垂的小穗；小穗柄长 2~4 毫米，无毛；小穗长约 1.2 厘米，具 4 花；颖具 3 脉，第一颖长 4 毫米；第二颖长约 7 毫米。第一不孕外稃雄性，长约 1.2 厘米，第二外稃长 1.1 厘米，3 脉，先端长渐尖，基盘长，两侧密生等长于外稃的丝状柔毛，与无毛的小穗轴相连接处具关节，成熟后易自关节脱落；内稃长约 3 毫米，两脊粗糙。颖果长约 1.5 毫米。

生长习性：多年生草本。芦苇适应性广、抗逆性强、生物量高。多生于低湿地或浅水中，夏秋开花，花期 8~12 月，以根茎繁殖为主。

分布与生境：全区有分布。生于水边、盐碱滩地、沙漠、草地等。

主要化学成分：无机盐、糖、植物碱、单宁、色素、小分子木质素、戊聚糖等。

用途：①药用。根入药，清热生津，除烦，止呕，利尿。用于治疗热病烦渴、胃热呕吐、肺热咳嗽、热淋涩痛等。②景观植物。观赏植物，水面绿化、河道管理、置景工程等。③水土保持。净化水质、沼泽湿地、护土固堤、改良土壤，为固堤造陆先锋环保植物。④饲料。芦叶、芦花、芦茎、芦根、芦笋均可作为优良牧草，饲用价值高。嫩茎、叶为各种家畜所喜食。⑤食用：嫩芽可食用。⑥其他。芦苇秆含有纤维素，可以用来造纸或作编席织帘及建棚材料。

长芒棒头草 *Polypogon monspeliensis* | 禾本科 Poaceae 棒头草属 *Polypogon*

形态特征：秆高 8~60 厘米，无毛，4~5 节。叶鞘松散，短于或下部者长于节间，叶舌长 2~8 毫米，撕裂状；叶片长 2~13 厘米，宽 2~9 毫米，上面和边缘粗糙，下面较光滑。圆锥花序穗状，长 1~10 厘米，宽 0.5~3 厘米（包括芒）；小穗淡灰绿色，成熟后枯黄色，长 2~2.5 毫米；颖倒卵状长圆形，被纤毛，先端 2 浅裂，芒长 3~7 毫米，细而粗糙；外稃长 1~1.2 毫米，先端具微齿，芒约与稃体等长而易脱落；花药长约 0.8 毫米。

生长习性：一年生草本。喜湿。花果期 5~10 月。

分布与生境：分布于引黄灌区。生于农田水渠、河岸湿地。

主要化学成分：不明确。

用途：饲料。

华扁穗草 *Blysmus sinocompressus* | 莎草科 Cyperaceae 扁穗草属 *Blysmus*

形态特征：匍匐根状茎长，黄色，长2~7厘米，径2.5~3.5厘米，鳞片黑色。秆近散生，高5~20（~26）厘米，扁三棱形，具槽，中部以下生叶，基部老叶鞘褐或紫褐色。叶平展，边缘内卷，疏生细齿，先端三棱形，短于秆，宽1~3.5毫米，叶舌短，白色，膜质。苞片叶状，高出花序，小苞片鳞片状，膜质；穗状花序1，顶生，长圆形或窄长圆形，长1.5~3厘米，宽0.6~1.1厘米；小穗3至10多个，2列或近2列。小坚果宽倒卵形，平凸状，深褐色，长2毫米。

生长习性：多年生草本。喜湿润，生长于沼泽边缘，半沼泽地及其他低湿草地。根茎发达。营养繁殖及竞争能力很强。生活力强，耐霜冻。花果期6~9月。

分布与生境：分布于六盘山和贺兰山。生于山溪边、河床、沼泽地、草地等潮湿地区。

主要化学成分：不明确。

用途：饲料。

球穗三棱草 *Bolboschoenus affinis* | 莎草科 Cyperaceae　三棱草属 *Bolboschoenus*

别名：球穗藨草。

形态特征：具匍匐根状茎和块茎，块茎小，呈卵形。秆高 10~50 厘米，三棱形，平滑，中部以上生叶。叶扁平，线形，稍坚挺，宽 1~4 毫米，在秆上部的叶长于秆或等长于秆，边缘和背面中肋上不粗糙或稍粗糙。叶状苞片 2~3 枚，长于花序；长侧枝聚伞花序常短缩成头状，少有具短辐射枝，通常具 1 至 10 余个小穗；小穗卵形，长 10~16 毫米，宽 3.5~7 毫米，具多数花；鳞片长圆状卵形，膜质，淡黄色，长 5~6 毫米，外面微被短毛，顶端有缺刻，背面具 1 条中肋，延伸出顶端成芒；下位刚毛 6 条，其中 4 条短，2 条较长，长为小坚果的一半或更长些，上生倒刺；雄蕊 3，花药线状长圆形，长约 1 毫米，药隔突出部分较长；花柱细长，柱头 2。小坚果宽倒卵形，双凸状，长约 2.5 毫米，黄白色，成熟时呈深褐色，具光泽。

生长习性：多年生草本，散生。花果期 6~9 月。

分布与生境：分布于引黄灌区。生于沼泽、沟渠旁、湖边及盐碱低洼湿地。

主要化学成分：不明确。

用途：①净化水质。②饲料。

扁秆荆三棱 *Bolboschoenus planiculmis* | 莎草科 Cyperaceae 三棱草属 *Bolboschoenus*

别名：扁秆藨草。

形态特征：具匍匐根状茎和块茎。秆高 60~100 厘米，一般较细，三棱形，平滑，靠近花序部分粗糙，基部膨大，具秆生叶。叶扁平，宽 2~5 毫米，向顶部渐狭，具长叶鞘。叶状苞片 1~3 枚，常长于花序，边缘粗糙；长侧枝聚伞花序短缩成头状，或有时具少数辐射枝，通常具 1~6 个小穗；小穗卵形或长圆状卵形，锈褐色，长 10~16 毫米，宽 4~8 毫米，具多数花；雄蕊 3，花药线形，长约 3 毫米，药隔稍突出于花药顶端；花柱长，柱头 2。小坚果宽倒卵形或倒卵形，扁，两面稍凹，或稍凸，长 3~3.5 毫米。

生长习性：喜阴湿。花期 5~6 月，果期 7~9 月。

分布与生境：引黄灌区普遍分布。生于稻田、沼泽、沟渠边及荒地，为稻田常见杂草。

主要化学成分：不明确。

用途：①净化水质。②饲草。③药用。块根可药用。

团穗薹草 *Carex agglomerata* | 莎草科 Cyperaceae 薹草属 *Carex*

形态特征：根状茎丛生。秆高 15~60 厘米，纤细，三棱柱形，基部具紫色叶鞘。叶短于秆，宽 2~4 毫米。小穗 3~4，少有 2，接近或簇生状，近无梗；顶生小穗通常雌雄顺序排列，矩圆形，长约 1.5 厘米，余为雌性，矩圆形，长 1~1.5 厘米；苞片短叶状，长于花序，无苞鞘；雌花鳞片披针状卵形，长 2.7~3 毫米，顶端渐尖，具短芒尖，中间麦秆黄色，两侧淡褐色，中肋粗糙。果囊斜张，卵状披针形，有三棱，较鳞片长，长 4~5 毫米，黄绿色，具少数脉，上部渐狭为 1.5~2 毫米长的喙，喙顶端具 2 齿。小坚果倒卵形，长约 2 毫米，有三棱；花柱基部不增大，柱头 3。

生长习性：多年生草本。花果期 4~7 月。

分布与生境：分布于六盘山地区。生于林中、山坡、草地、沟谷水边或林下湿处，一般生于沙质草地。

主要化学成分：不明确。

用途：水土保持。

白颖薹草 *Carex duriuscula* subsp. *rigescens* | 莎草科 Cyperaceae 薹草属 *Carex*

别名： 中亚薹草。

形态特征： 根状茎细长、匍匐。秆高5~20厘米，纤细，平滑，基部叶鞘灰褐色，细裂成纤维状。叶短于秆，宽1~1.5毫米，平张，边缘稍粗糙。苞片鳞片状。穗状花序卵形或球形，长0.5~1.5厘米，宽0.5~1厘米；小穗3~6个，卵形，密生，长4~6毫米，雄雌顺序，具少数花。雌花鳞片宽卵形或椭圆形，长3~3.2毫米，锈褐色，具宽的白色膜质边缘。果囊稍长于鳞片，宽椭圆形或宽卵形，长3~3.5毫米，宽约2毫米，平凸状，革质，锈色或黄褐色，成熟时稍有光泽，两面具多条脉，基部近圆形，有海绵状组织，具粗的短柄，顶端急缩成短喙，喙缘稍粗糙，喙口白色膜质，斜截形。小坚果稍疏松地包于果囊中，近圆形或宽椭圆形，长1.5~2毫米，宽1.5~1.7毫米；花柱基部膨大，柱头2个。

生长习性： 一年生草本。喜湿。花果期4~6月。

分布与生境： 全区普遍分布。生于田边、路旁、荒地及沙质地。

主要化学成分： 不明确。

用途： 水土保持。

大理薹草 *Carex rubrobrunnea* var. *taliensis* | 莎草科 Cyperaceae 薹草属 *Carex*

形态特征： 根状茎短。秆丛生，高20~60厘米，三棱形，稍坚挺，平滑，上部稍粗糙，基部具褐色呈网状分裂的老叶鞘。叶长于秆，宽3~4毫米，平张，革质，边缘粗糙。苞片最下部的1~2枚叶状，长于花序，上部的刚毛状，无鞘。小穗4~6个，排成总状，顶生1个雄性或雌雄花序，线状圆柱形或近棒状，长4~5.5厘米，宽2~4毫米，花密生，具柄或近无柄；侧生小穗雌性，有时顶端具雄花，圆柱形，长3.5~7厘米，宽3~4毫米，具多而密生的花；基部的小穗柄长1~1.5厘米，其余的渐短或近无柄。雌花鳞片披针形，顶端渐尖，具短芒尖，长约3毫米，中间3脉绿色，两侧栗色，边缘为狭的白色膜质。果囊稍短于鳞片，长圆形或长圆状披针形，平凸状，长3~4毫米。黄绿色，密生锈色树脂状的点线，顶端急缩成中等长的喙，喙口具2齿。小坚果紧包于果囊中，宽倒卵形，长约1.5毫米；柱头2个，长约为果囊的2倍。

生长习性： 一年生草本。喜阴湿。花果期3~5月。

分布与生境： 分布于六盘山地区。生于林下或山坡谷水边。

主要化学成分： 不明确。

用途： 水土保持。

川滇薹草 *Carex schneideri* | 莎草科 Cyperaceae 薹草属 *Carex*

别名：川康薹草。

形态特征：根状茎短。秆丛生，高
60~90厘米，下部平滑，上部粗糙，基部具
紫褐色分裂成网状的叶鞘。叶短于秆，宽
2~4毫米，平展，边缘粗糙，先端渐尖；苞
片叶状，基部1枚长于花序，无鞘。小穗
4~5，接近，顶生1个雌雄顺序，长圆状圆
柱形，长1.5~2厘米；侧生小穗雌性，长
圆状圆柱形或圆柱形，长2~2.5厘米；小穗
柄纤细，最下部1枚长2~4厘米，稀长达
15厘米，向上渐短。雌花鳞片披针形，长

3.5~4.5毫米，暗紫红色，背面具1脉。果
囊短于或长于鳞片，椭圆状披针形，三棱
状，长3.5~4毫米，黄绿色，微肿胀，脉明
显，喙短，喙口紫红色，微凹。小坚果疏
松包于果囊中，长圆形，三棱状，长2毫
米；柱头3。

生长习性：一年生草本。花果期7~8月。

分布与生境：分布于六盘山地区。生
于沼泽草甸、山坡草地或林下。

主要化学成分：不明确。

用途：水土保持。

异型莎草 *Cyperus difformis* | 莎草科 Cyperaceae 莎草属 *Cyperus*

别名：球花碱草。

形态特征：具须根。秆丛生，高 5~65 厘米，稍粗或细，扁三棱状，平滑，下部叶较多。叶短于秆，宽 2~6 毫米，平展或折合，上端边缘稍粗糙；叶鞘稍长，褐色，叶状苞片 2~3，长于花序。长侧枝聚伞花序简单，稀复出，辐射枝 3~9，长达 3 厘米；小穗多数，密聚辐射枝顶成球形头状花序，披针形或条形，长 2~8 毫米，宽约 1 毫米，具 8~28 朵花；小穗轴无翅。鳞片稍松排列，近扁圆形，先端圆，长不及 1 毫米，背面中间淡黄色，两侧深紫红或栗色，边缘白色透明，3 脉不明显；雄蕊（1）2，花药椭圆形；花柱极短，柱头 3。小坚果倒卵状椭圆形，三棱状，与鳞片近等长，淡黄色。

生长习性：一年生草本。生活周期较短，从种子到种子，一般 2~3 个月即可完成。喜高温，生育期短，生长期需要充足的水分、养料和光照。开花结实对光周期不敏感，6~10 月均可开花结实。

分布与生境：分布于引黄灌区。生于稻田中或沟渠边。

主要化学成分：不明确。

用途：药用。全草药用，具有行气、活血、通淋、利小便功效。主治热淋、小便不通、跌打损伤、吐血。

褐穗莎草 *Cyperus fuscus* | 莎草科 Cyperaceae 莎草属 *Cyperus*

形态特征：具须根。秆丛生，高 6~30 厘米，较细，扁锐三棱状，平滑，基部具少数叶。叶短于或与秆近等长，宽 2~4 毫米，平展或折合，边缘不粗糙，叶鞘短；叶状苞片 2~3，长于花序。长侧枝聚伞花序复出或简单，第一次辐射枝 3~5，长达 3 厘米，每辐射枝具 1~5 第二次辐射枝；小穗 5 至 10 余个密聚在辐射枝顶端，近头状，窄披针形或近条形，长 3~6 毫米，宽约 1.5 毫米，稍扁，具 8~24 朵花；小穗轴无翅。鳞片覆瓦状排列，宽卵形，先端钝圆，长约 1 毫米，膜质，背面中间黄绿色，两侧深紫褐或褐色，3 脉不明显；雄蕊 2，花药椭圆形；花柱短，柱头 3。小坚果椭圆形，三棱状，长为鳞片 2/3，淡黄色。

生长习性：一年生草本。喜湿。花果期 7~10 月。

分布与生境：分布于引黄灌区。多生长于稻田中、沟边或水渠旁。

主要化学成分：不明确。

用途：水质净化。

头状穗莎草 *Cyperus glomeratus* | 莎草科 Cyperaceae 莎草属 *Cyperus*

形态特征：具须根。秆散生，高 50~95 厘米，钝三棱状，平滑，基部稍膨大，具少数叶。叶短于秆，宽 4~8 毫米，边缘不粗糙；叶鞘长，红棕色；叶状苞片 3~4，较花序长，边缘粗糙。长侧枝聚伞花序复出，辐射枝 3~8，长达 12 厘米，每辐射枝具几个穗状花序；穗状花序近圆形或椭圆形，长 1~3 厘米，小穗极多数，无总花梗。小穗多列，紧密排列，线状披针形或线形，稍扁，长 0.5~1 厘米，宽 1.5~2 毫米，具 8~16 朵花；小穗轴具白色透明翅。鳞片疏松排列，近长圆形，先端钝，长约 2 毫米，膜质，红棕色，脉不明显，边缘稍内卷；雄蕊 3，花药短，长圆形；花柱长，柱头 3。小坚果长圆形，三棱状，长为鳞片 1/2，灰色，具网纹。

生长习性：一年生草本。喜阴湿。花果期 6~10 月。

分布与生境：分布于引黄灌区。生于低洼潮湿的盐碱地、沟边、沼泽地。

主要化学成分：不明确。

用途：水土保持。

花穗水莎草 *Cyperus pannonicus* ｜ 莎草科 Cyperaceae　莎草属 *Cyperus*

形态特征：根状茎短，具许多须根。秆密丛生，高 2~18 厘米，扁三棱形，平滑，基部具 1 枚叶。叶片很短，刚毛状，长常不超过 2.5 厘米，宽约 1 毫米，具较长的叶鞘。苞片 3 枚，叶状，2 枚较长于花序，1 枚短于花序，基部稍扩大；简单长侧枝伞花序头状，具 1~8 个小穗；小穗无柄，卵状长圆形或长圆形，稍肿胀，长 5~15 毫米，宽 2~5 毫米，具 10~32 朵花；小穗轴稍宽，近于四棱形；鳞片紧密地覆瓦状排列，近于纸质，圆盘状卵形，顶端钝，或有时具极短的短尖，长约 3 毫米，背面黄绿色，具多数脉，两侧暗血红色，里面具红褐色斑纹；雄蕊 3，花药线形，药隔延伸出花药的顶端；花柱长，通常露出于鳞片外，柱头 2。小坚果近于圆形、椭圆形或有时为倒卵形，平凸状，稍短于鳞片，黄色，表面具网纹。

生长习性：一年生草本。花果期 8~9 月。

分布与生境：分布于引黄灌区。生于低洼潮湿的盐碱地、沟边、沼泽地。

主要化学成分：不明确。

用途：水质净化。

水莎草 Cyperus serotinus | 莎草科 Cyperaceae 莎草属 Cyperus

形态特征：根状茎长。秆高 35~100 厘米，粗壮，扁三棱形，平滑。叶片少，短于秆或有时长于秆，宽 3~10 毫米，平滑，基部折合，上面平张，背面中肋呈龙骨状突起。苞片常 3 枚，少 4 枚，叶状，较花序长 1 倍多；复出长侧枝聚伞花序具 4~7 个第一次辐射枝，每一辐射枝上具 1~3 个穗状花序，每一穗状花序具 5~17 个小穗；花序轴被疏的短硬毛；小穗排列稍松，近于平展，披针形或线状披针形，长 8~20 毫米，宽约 3 毫米，具 10~34 朵花；小穗轴具白色透明的翅；鳞片初期排列紧密，后期较松，纸质，宽卵形，顶端钝或圆，有时微缺，长 2.5 毫米，背面中肋绿色，两侧红褐色或暗红褐色，边缘黄白色透明，具 5~7 条脉；雄蕊 3，花药线形，药隔暗红色；花柱很短，柱头 2，细长，具暗红色斑纹。小坚果椭圆形或倒卵形，平凸状，长约为鳞片的 4/5，棕色，稍有光泽，具突起的细点。

生长习性：多年生草本，散生。地下块茎无休眠期，3 月中下旬即开始萌发，最适温度 20~30 ℃，5~6 月是其发生高峰，35~40 ℃仍可出芽，但受到抑制。地下茎在植株出芽后 3~4 叶开始伸长，5~6 叶第 1 分株出芽，8~9 叶第 2 分株出芽。花果期 7~10 月。

分布与生境：分布于引黄灌区。生于水沟及池沼边。

主要化学成分：不明确。

用途：药用。全草药用，止咳化痰。主治慢性支气管炎。

卵穗荸荠 *Eleocharis ovata* | 莎草科 Cyperaceae 荸荠属 *Eleocharis*

形态特征：无匍匐根状茎。秆多数，密丛生，瘦细，圆柱状，光滑，无毛，有不多的浑圆肋条，高4~50厘米。叶缺如，只在秆的基部有1~3个叶鞘；鞘的上部淡绿色或麦秆黄色，下部微红色，草质或纸质，不透明，管状，鞘口斜，顶端急尖并有短尖头，高5~30毫米。小穗卵形或宽卵形，顶端急尖，长4~8毫米，宽3~4毫米，锈色，密生多数花；在小穗基部有2片鳞片中空无花，最下的一片抱小穗基部近一周或达一周的3/4。小坚果小，倒卵形，背面凸，腹面微凸，为不平衡的双凸状，长0.8毫米，宽约0.5毫米，初白玉色，后来淡棕色；花柱基为扁三角形，顶端渐尖，褐色，没有乳头状突起，不为海绵质，长约为小坚果的1/3，宽约为小坚果1/2。

生长习性：多年生草本水生植物。喜生于池沼中或栽培在水田里，喜温湿怕冻，适宜在浅水中生长。花果期8~12月。

分布与生境：分布于引黄灌区及石嘴山市。生于沼泽地或湖边、渠沟旁。

主要化学成分：不明确。

用途：①药用。球茎可药用。荸荠性寒，具有清热解毒、凉血生津、利尿通便、化湿祛痰、消食除胀的功效，可用于治疗黄疸、痢疾、小儿麻痹、便秘等。②食用。

沼泽荸荠 *Eleocharis palustris* | 莎草科 Cyperaceae 荸荠属 *Eleocharis*

别名：中间型荸荠。

形态特征：有长的匍匐根状茎。秆少数或稍多数，丛生，圆柱状，干后略扁，高 15~60 厘米，直径 1.5~3 毫米，一般细弱，有钝肋条和纵槽。叶缺如，只在秆的基部有 1~2 个叶鞘，鞘基部带红色，鞘口截形，高 1~7 厘米。小穗卵形，通常为长圆状卵形，少有卵状披针形，长 7~15 毫米，宽 3~5 毫米，有多数密生的两性花；小穗基部的一片鳞片中空无花，抱小穗基部 1/2 周；其余鳞片全有花，稍松散排列，长圆状卵形或卵形，顶端急尖，长 3~4 毫米，宽 1~1.5 毫米，黑褐色，背部有一条脉，边缘先狭后宽，白色，干膜质；下位刚毛 4 条，稍长于小坚果，纤细，锈色，微弯曲，有倒刺，刺密，有的刺开展，有的刺不开展；柱头 2。小坚果倒卵形或宽倒卵形，双凸状，长 1.2 毫米，宽 0.9 毫米，淡黄色，后来变为褐色；花柱基呈半圆形或短圆锥形，长为小坚果的 1/4，宽为小坚果的 1/3，长宽几相等，海绵质。

生长习性：多年生草本水生植物。喜生于池沼中或栽培在水田里，喜温湿，怕冻，适宜在浅水中生长。

分布与生境：分布于贺兰山及中卫、盐池、石嘴山等市县。生于沼泽、低湿盐碱地。

主要化学成分：不明确。

用途：①药用。球茎药用，具有清热解毒、凉血生津、利尿通便、化湿祛痰、消食除胀的功效，可用于治疗黄疸、痢疾、小儿麻痹、便秘等疾病。②食用。

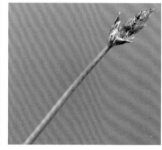 

具槽秆荸荠 *Eleocharis valleculosa* | 莎草科 Cyperaceae　荸荠属 *Eleocharis*

别名：刚毛槽秆荸荠。

形态特征：有匍匐根状茎。秆多数或少数，单生或丛生，圆柱状，干后略扁，高 6~50 厘米，直径 1~3 毫米，有少数锐肋条。叶缺如，在秆的基部有 1~2 个长叶鞘，鞘膜质，鞘的下部紫红色，鞘口平，高 3~10 厘米。小穗长圆状卵形或线状披针形，少有椭圆形和长圆形，长 7~20 毫米，宽 2.5~3.5 毫米，后期为麦秆黄色，有多数或极多数密生的两性花；在小穗基部有 2 片鳞片中空无花，抱小穗基部的 1/2~2/3 周以上；其余鳞片全有花，卵形或长圆状卵形，顶端钝，长 3 毫米，宽 1.7 毫米，背部淡绿色或苍白色，有一条脉，两侧狭，淡血红色，边缘很宽，白色，干膜质；下位刚毛 4 条，其长明显超过小坚果，淡锈色，略弯曲，不向外展开，具密的倒刺；柱头 2。小坚果圆倒卵形，双凸状，长 1 毫米，宽大致相同，淡黄色；花柱基为宽卵形，长为小坚果的 1/3，宽约为小坚果的 1/2，海绵质。

生长习性：多年生草本水生植物。喜生于池沼中或栽培在水田里，喜温湿怕冻，适宜在浅水中生长。花果期 6~8 月。

分布与生境：全区有分布。生于沼泽、池沼边或沟渠旁浅水中。

主要化学成分：不明确。

用途：①药用。②食用。

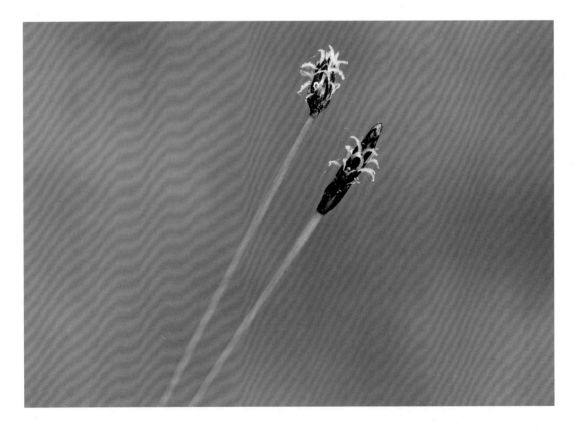

红鳞扁莎 *Pycreus sanguinolentus* | 莎草科 Cyperaceae 扁莎属 *Pycreus*

别名：红鳞扁莎草。

形态特征：具须根。秆密丛生，扁三棱状，下部叶稍多。叶常短于秆，边缘具细刺，鞘稍短，淡绿色，最下部叶鞘稍带棕色；叶状苞片 3~4，长于花序，长侧枝聚伞花序简单，辐射枝上端具 4~10 多个小穗密集成短穗状花序；雄蕊 3，花药线形，柱头 2，细长。小坚果宽倒卵形或长圆状倒卵形，双凸状，成熟时黑色。

生长习性：一年生草本。喜光照，喜温热。花果期 7~12 月。

分布与生境：分布于引黄灌区。生于山谷、田边、河旁潮湿处，或长于浅水处，多在向阳的地方。

主要化学成分：不明确。

用途：①药用。全草可药用。根，用于治疗肝炎；全草，清热解毒、除湿退黄。②水土保持植物。

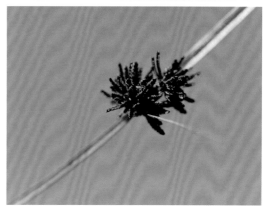

剑苞水葱 *Schoenoplectus ehrenbergii* | 莎草科 Cyperaceae 水葱属 *Schoenoplectus*

别名：剑苞藨草。

形态特征：具须根。秆高1米左右，锐三棱形，棱翅状，平滑，基部为长叶鞘所包裹。叶短于秆，宽6~10毫米，平滑，叶片基部折合，渐向上背面的中肋隆起呈翅状。苞片为秆的延长，单一，直立，钝三棱形，长达25厘米，较花序长十几倍；长侧枝聚伞花序简单，假侧生，具2~5个辐射枝；辐射枝短或极短，顶端各具3~5个小穗；小穗长圆形或长圆状卵形，长8~10毫米，宽2~3毫米，具10余朵花；鳞片宽卵形或椭圆形，顶端微缺，膜质，长约5毫米，具1条明显的脉，脉延伸出顶端呈短芒，沿脉两侧为棕色，边缘黄色或白色，半透明；下位刚毛6条，长于小坚果，几乎全长都生有倒刺；雄蕊3，花药线形，长约2毫米；花柱细长，柱头3，短于花柱。小坚果宽卵形，平凸状，长约2毫米。

生长习性：多年生草本。水生，喜湿、能耐低温。花果期6~9月。

分布与生境：引黄灌区普遍分布。生于沟边、池沼边或沼泽地。

主要化学成分：不明确。

用途：①水质净化。②景观植物。

钻苞水葱 *Schoenoplectus subulatus* | 莎草科 Cyperaceae 水葱属 *Schoenoplectus*

别名：羽状刚毛蔗草。

形态特征：根状茎不明显。秆粗壮，高 50~100 厘米，圆柱状，近花序部分钝三棱形，基部具有几个叶鞘，鞘长达 28 厘米，纸质，横脉明显突起，裂口处为膜质，开裂后边缘具网状纤维。常无叶片，很少有 1 片叶片，短于秆，宽约 4 毫米。苞片 1 枚，为秆的延长，长于或短于花序，坚挺，近似钻状，一面稍扁平，基部两侧具有宽约 1 毫米的膜质边缘；长侧枝聚伞花序简单或复出，假侧生，具 5~7 个辐射枝；辐射枝长可达 4.5 厘米，扁三棱形，棱上粗糙，基部均具 1 小苞片；小苞片膜质，披针形，顶端具短尖，白色半透明；小穗单个或成对着生于辐射枝顶端，卵形或长圆状卵形，长 6~12 毫米，具多数花；鳞片膜质，长圆形或椭圆形，顶端钝或微凹，具短尖，长 3~4 毫米，背面具 1 条黄色中肋，沿中肋两边为红棕色，两侧具白色半透明的宽边；下位刚毛 3~4 条，呈羽状，长于小坚果；雄蕊 3，花药线形，长约 2 毫米，药隔突出，白色透明，突出部分具许多短刺毛；花柱中等长，柱头 2。小坚果宽倒卵形，扁双凸状，长约 2 毫米，黄色。

生长习性：多年生草本。花果期 5~9 月。

分布与生境：分布于引黄灌区。生于沟边、池沼边。

主要化学成分：不明确。

用途：①水质净化。②景观植物。

水葱 *Schoenoplectus tabernaemontani* | 莎草科 Cyperaceae　水葱属 *Schoenoplectus*

形态特征：匍匐根状茎粗壮，具许多须根。秆高大，圆柱状，高1~2米，平滑，基部具3~4个叶鞘，鞘长可达38厘米，管状，膜质，最上面一个叶鞘具叶片。叶片线形，长1.5~11厘米。苞片1枚，为秆的延长，直立，钻状，常短于花序，极少数稍长于花序；长侧枝聚伞花序简单或复出，假侧生，具4~13或更多个辐射枝；辐射枝长可达5厘米，一面凸，一面凹，边缘有锯齿；小穗单生或2~3个簇生于辐射枝顶端，卵形或长圆形，顶端急尖或钝圆，长5~10毫米，宽2~3.5毫米，具多数花；鳞片椭圆形或宽卵形，顶端稍凹，具短尖，膜质，长约3毫米，棕色或紫褐色，有时基部色淡，背面有铁锈色突起小点，脉1条，边缘具缘毛；下位刚毛6条，等长于小坚果，红棕色，有倒刺；雄蕊3，花药线形，药隔突出；花柱中等长，柱头2，罕3，长于花柱。小坚果倒卵形或椭圆形，双凸状，少有三棱形，长约2毫米。

生长习性：多年生草本。生长温度为15~30℃，10℃以下停止生长，能耐低温。花果期6~9月。

分布与生境：分布于引黄灌区。生于沟边、池沼边。

主要化学成分：不明确。

用途：①药用。全草入药，除湿利尿。用于治疗水肿胀满，小便不利。②水质净化。③景观植物。

三棱水葱 *Schoenoplectus triqueter* | 莎草科 Cyperaceae　水葱属 *Schoenoplectus*

别名：藨草。

形态特征：匍匐根状茎长，直径 1~5 毫米，干时呈红棕色。秆散生，粗壮，高 20~90 厘米，三棱形，基部具 2~3 个鞘，鞘膜质，横脉明显隆起，最上一个鞘顶端具叶片。叶片扁平，长 1.3~5.5（~8）厘米，宽 1.5~2 毫米。苞片 1 枚，为秆的延长，三棱形，长 1.5~7 厘米。简单长侧枝聚伞花序假侧生，有 1~8 个辐射枝；辐射枝三棱形，棱上粗糙，长可达 5 厘米，每辐射枝顶端有 1~8 个簇生的小穗；小穗卵形或长圆形，长 6~12（~14）毫米，宽 3~7 毫米，密生许多花；鳞片长圆形、椭圆形或宽卵形，顶端微凹或圆形，长 3~4 毫米，膜质，黄棕色，背面具 1 条中肋，稍延伸出顶端呈短尖，边缘疏生缘毛；下位刚毛 3~5 条，几等长或稍长于小坚果，全长都生有倒刺；雄蕊 3，花药线形，药隔暗褐色，稍突出；花柱短，柱头 2，细长。小坚果倒卵形，平凸状，长 2~3 毫米，成熟时褐色，具光泽。

生长习性：多年生草本。喜温暖、湿润和半阴环境。耐寒，喜水湿，怕干旱，耐阴。生长适温 13~19℃，冬季温度不低于 7℃，其地下部可耐 –15℃低温。花果期 6~9 月。

分布与生境：分布于引黄灌区。生于沟边、池沼边及沼泽地。

主要化学成分：不明确。

用途：①药用。全草药用，具有开胃消食、清热利湿的功效。主治饮食积滞、胃纳不佳、呃逆饱胀、热淋等症。②水质净化。③景观植物。④饲料。

双柱头针蔺 *Trichophorum distigmaticum*

莎草科 Cyperaceae 蔺藨草属 *Trichophorum*

别名：双柱头藨草。

形态特征：植株矮小，具细长匍匐根状茎。秆纤细，高 10~25 厘米，近于圆柱状，平滑，无秆生叶，具基生叶。叶片刚毛状，最长达 18 毫米；叶鞘长于叶片，长可达 25 毫米，棕色，最下部 2~3 个仅有叶鞘而无叶片。花单性，雌雄异株；小穗单一，顶生，卵形，长约 5 毫米，宽 2.5~3 毫米，具少数花；鳞片卵形，顶端钝，薄膜质，长约 3.5 毫米，麦秆黄色，半透明，具光泽，或有时下部边缘呈白色，上部为棕色；无下位刚毛；具 3 个不发育的雄蕊；花柱长，柱头 2，外被乳头状小突起。小坚果宽倒卵形，平凸状，长约 2 毫米，成熟时呈黑色。

生长习性：多年生草本。花果期 7~8 月。

分布与生境：分布于引黄灌区。生于池沼边缘或沼泽地。

主要化学成分：不明确。

用途：水土保持。

菖蒲 *Acorus calamus* | 菖蒲科 Acoraceae 菖蒲属 *Acorus*

别名：水菖蒲、白菖蒲。

形态特征：根茎横走，稍扁，分枝，径 0.5~1 厘米，黄褐色，芳香。叶基生，基部两侧膜质叶鞘宽 4~5 毫米，向上渐窄，脱落；叶片剑状线形，长 0.9~1（~1.5）米，基部对折，中部以上渐窄，草质，绿色，光亮，两面中肋隆起，侧脉 3~5 对，平行，纤弱，伸至叶尖。花序梗二棱形，长（15~）40~50 厘米；叶状佛焰苞剑状线形，长 30~40 厘米；肉穗花序斜上或近直立，圆柱形，长 4.5~6.5（~8）厘米；花黄绿色，花被片长约 2.5 毫米，宽约 1 毫米；花丝长 2.5 毫米。浆果长圆形，成熟时红色。

生长习性：多年生草本。生于水边、沼泽湿地或湖泊浮岛上，也常有栽培。适宜生长的温度 20~25℃，10℃以下停止生长。冬季以地下茎潜入泥中越冬。喜冷凉湿润气候，阴湿环境，耐寒，忌干旱。花期（2~）6~9 月。

分布与生境：分布于引黄灌区。生于沟渠、池沼、湖泊或静水中。

主要化学成分：含 α-细辛醚、β-细辛醚、顺甲基异丁香酚、甲基丁香酚、菖蒲烯二醇、菖蒲螺烯酮、水菖蒲酮、菖蒲螺酮、菖蒲大牻牛儿酮、菖蒲酮、异菖蒲酮等。

用途：①药用。根状茎入药，具有化痰、开窍、健脾、利湿功效。用于治疗癫痫、惊悸健忘、神志不清、湿滞痞胀、泄泻痢疾、风湿疼痛、痈肿疥疮。②景观植物。菖蒲是园林绿化中常用的水生植物，具有较高的观赏价值。叶丛翠绿，端庄秀丽，具有香气，适宜水景岸边及水体绿化，也可盆栽观赏或作布景用。叶、花序还可以作插花材料。③其他。菖蒲茎香味浓郁，可作香料或驱蚊虫；全株亦可作农药。

浮萍 *Lemna minor* | 浮萍科 Lemnaceae 浮萍属 *Lemna*

别名：青萍、田萍、浮萍草、水浮萍、水萍草。

形态特征：叶状体对称，上面绿色，下面浅黄、绿白或紫色，近圆形、倒卵形或倒卵状椭圆形，全缘，长1.5~5毫米，宽2~3毫米，脉3条，下面垂生丝状根1条，长3~4厘米；叶状体下面一侧具囊，新叶状体于囊内形成浮出，以极短的柄与母体相连，后脱落。胚珠弯生。果近陀螺状。种子具12~15条纵肋。

生长习性：漂浮植物。喜温暖气候和潮湿环境，忌严寒。生长于水田、池沼或其他静水水域，常与紫萍等混生，一般不常开花，以芽进行繁殖。

分布与生境：分布于引黄灌区。生于池沼、稻田及排水沟中。

主要化学成分：含荭草素、异荭草素、异杜荆素、芹菜素-7-单糖苷、芦丁、丙二酰矢车菊素-3-单葡萄糖苷、1-阿魏酰葡萄糖、1-芥子酰葡萄糖、5-对香豆酰奎宁酸、5-咖啡酰奎宁酸、β-胡萝卜素、叶黄素、环氧叶黄素、单棕榈酸甘油酯、胡萝卜苷、维生素B1、维生素B2、维生素C等水溶性维生素、木犀草素-7-β-葡萄糖甙、8-羟基木犀草素-8-β-葡萄糖甙等。

用途：①药用。全草入药，有发汗、利水、消肿、清热、解毒之效。可治时行热痛、斑疹不透、风热痛疹、皮肤瘙痒、水肿、经闭、疮癣、丹毒、烫伤。②饲料。可作猪、家禽、鱼的饲料。③其他。可作为稻田绿肥。

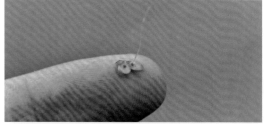

紫萍 *Spirodela polyrhiza* | 浮萍科 Lemnaceae 紫萍属 *Spirodela*

形态特征：叶状体扁平，宽倒卵形，长 5~8 毫米，宽 4~6 毫米，先端钝圆，上面绿色，下面紫色，掌状脉 5~11，下面中央生根 5~11 条，根长 3~5 厘米，白绿色；根基附近一侧囊内形成圆形新芽，萌发后的幼小叶状体从囊内浮出，由一细弱的柄与母体相连。肉穗花序有雄花 2 朵和雌花 1 朵。

生长习性：一年生浮水草本植物。以芽繁殖，花期 6~7 月，很少开花，常与浮萍混生。

分布与生境：分布于引黄灌区。生于池沼、稻田及排水沟中。

主要化学成分：芹菜素、木犀草素、芹菜素 –7–O– 葡萄糖苷、木犀草素 –7–O– 葡萄糖苷等。

用途：①药用。全草入药，有发汗、利尿的功效。治感冒发热无汗、斑疹不透、水肿、小便不利、皮肤湿热。②饲料。可作猪、家禽、鱼的饲料。

小花灯心草 *Juncus articulatus* | 灯心草科 Juncaceae　灯心草属 *Juncus*

形态特征：植株高（10~）15~40（~60）厘米；根状茎粗壮横走，黄色，具细密褐黄色的须根。茎密丛生，直立，圆柱形，直径 0.8~1.5 毫米，绿色，表面有纵条纹。叶基生和茎生，短于茎；低出叶少，鞘状，长 1~3 厘米，顶端有短突起，边缘膜质，黄褐色；基生叶 1~2 枚；叶鞘基部红褐色至褐色；茎生叶 1~2（~4）枚；叶片扁圆筒形，长 2.5~6（~10）厘米，宽 0.8~1.4 毫米，顶端渐尖呈钻状，具有明显的横隔，绿色；叶鞘松弛抱茎，长 0.8~3.5 厘米，边缘膜质；叶耳明显，较窄。花序由 5~30 个头状花序组成，排列成顶生复聚伞花序，花序分枝常 2~5 个，具长短不等的花序梗，上端 2~3 回分枝，向两侧伸展；头状花序半球形至近圆球形，直径 6~8 毫米，有 5~10（~15）朵花；蒴果三棱状长卵形，长 3~3.5 毫米，超出花被片，顶端具极短尖头，1 室，成熟时深褐色，光亮。种子卵圆形，长 0.5~0.7 毫米，一端具短尖，黄褐色，表面具纵条纹及细横纹。

生长习性：多年生草本。花期 6~7 月，果期 8~9 月。

分布与生境：分布于贺兰山、六盘山及中卫等市县。生于湿草地、水边、池沼边或稻田边。

主要化学成分：不明确。

用途：景观植物。

小灯心草 *Juncus bufonius* | 灯心草科 Juncaceae 灯心草属 *Juncus*

别名：灯心草、小灯芯草、小花灯心草、蟾蜍草、秧草、灯芯草、水灯草、野灯草、灯草、鳞茎灯心草、大花灯心草等。

形态特征：须根。茎直立或斜升，基部常红褐色，高 5~20（~30）厘米。叶基生和茎生，叶片多少扁压线形状，长 3~9 厘米，宽约 1 毫米。花序呈二歧聚伞状，每分枝上常顶生和侧生 2~4 朵花；总苞片叶状，较花序短；花长 4~6 毫米，淡绿色；先出叶卵形，膜质，花被片 6，披针形，外轮 3 枚顶端短尾尖，边缘膜质，内轮 3 枚短，顶端急尖或稍钝；雄蕊 6，长约为花被片之半，花药长为花丝的 1/3~1/2。蒴果三角状矩圆形，较外轮花被稍短，3 室；种子倒卵形，长约 0.4 毫米。

生长习性：一年生草本，簇生。花期 5~7 月，果期 6~9 月。

分布与生境：分布于贺兰山、六盘山及南华山。生于湿草地、湖岸、河边、沼泽地。

主要化学成分：不明确。

用途：药用。全草药用，具有清热、通淋、利尿、止血的功效。

细茎灯心草 *Juncus gracilicaulis* │ 灯心草科 Juncaceae　灯心草属 *Juncus*

别名：细灯心草。

形态特征：植株高 10~28 厘米。茎丛生，径 0.6~1 毫米。叶基生和茎生；低出叶鞘状，淡黄褐色，长 1~2.5 厘米；基生叶 1~2，叶片线状披针形，长 5~30 厘米；叶鞘长 1~4.5 厘米；茎生叶 1，叶片长 5~15 厘米，叶鞘长 1~4 厘米，叶耳突出。花序具 3~4 头状花序，组成顶生聚伞花序；头状花序半球形或近圆球形，径 0.5~1 厘米，有 3~7 花；叶状苞片长于花序，长 3~15 厘米；苞片数枚，短于花序，披针形或卵状披针形，黄白色。花被片乳白色，披针形，膜质，外轮长 2.8~3.5 毫米，内轮长 3~4 毫米；雄蕊 6，花药长圆形，长 1.5~1.8 毫米，黄白色，花丝线形，超出花被片；子房卵球形，花柱长约 2 毫米，柱头 3 分叉，长 1~1.5 毫米。蒴果三棱状椭圆形，长 3.5~5 毫米，1 室，淡黄色。种子长卵形，长 0.7~0.9 毫米，棕褐色，两端有尾状附属物，一侧有窄翅，种子连附属物长 1~1.4 毫米。

生长习性：多年生草本。花期 6~7 月，果期 8~9 月。

分布与生境：分布于引黄灌区。生于池沼边或浅水处。

主要化学成分：不明确。

用途：不明确。

备注：为中国特有植物。

片髓灯心草 *Juncus inflexus* | 灯心草科 Juncaceae 灯心草属 *Juncus*

形态特征：植株高 40~80 厘米或更高。根状茎粗壮而横走，具红褐色须根。茎圆柱形，径 1.2~4 毫米，具片状髓。叶全为鞘状低出叶，包被茎基部，长 1~13 厘米，红褐色，无光泽；叶片刺芒状。花序圆锥状，假侧生，具多花；苞片顶生，圆柱形，长 6~24 厘米；花序分枝数枚具膜质苞片；小苞片 2，卵状披针形或宽卵形，长 1~1.6 毫米；花淡绿色，稀淡红褐色；花被片窄披针形，长 2.5~3.5 毫米，背部厚，边缘膜质，外轮长于内轮；雄蕊 6，长 1.5 毫米，花药长圆形，长约 0.6 毫米，花丝淡红褐色；子房 3 室，花柱 3 分叉。蒴果长圆形或长卵形，棱状，成熟时外轮花被片近等长，黄绿至黄褐色，顶端短尖。种子长圆形，棕褐色。

生长习性：多年生草本。喜温暖、湿润和阳光充足环境。耐寒，怕干旱。生长适温为 15~25℃，冬季能耐 -15℃低温。以肥沃的黏质壤土为佳。花期 6~7 月，果期 7~9 月。

分布与生境：分布于六盘山。生于水边或湿地。

主要化学成分：不明确。

用途：景观植物。

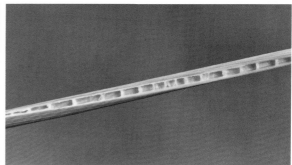

展苞灯心草 *Juncus thomsonii* | 灯心草科 Juncaceae 灯心草属 *Juncus*

形态特征：植株高（5~）10~20（~30）厘米；根状茎短，具褐色须根。茎直立，丛生，圆柱形，直径 0.6~1 毫米，淡绿色。叶全部基生，常 2 枚；叶片细线形，长 1~10 厘米，顶端有胼胝体；叶鞘红褐色，边缘膜质；叶耳明显，钝圆。头状花序单一顶生，有 4~8 朵花，直径 5~10 毫米；苞片 3~4 枚，开展，卵状披针形，长 3~8 毫米，宽 1~3 毫米，顶端钝，红褐色；花具短梗；花被片长圆状披针形，等长或内轮稍短，长约 5 毫米，宽约 1.6 毫米，顶端钝，黄色或淡黄白色，后期背部变成褐色；雄蕊 6 枚，长于花被片；花药线形，黄色，长 1.6~2 毫米；花丝长 4.3~6.0 毫米；雌蕊具长约 0.8 毫米的短花柱；柱头 3 分叉，线形，长 1.1~2.2 毫米。蒴果三棱状椭圆形，长 5.5~6 毫米，顶端有短尖头，具 3 个隔膜，成熟时红褐色至黑褐色。种子长圆形，长约 1 毫米，两端具白色附属物，连同种子共长约 2.8 毫米，锯屑状。

生长习性：多年生草本。花期 7~8 月，果期 8~9 月。

分布与生境：分布于六盘山地区。生于山谷、山坡阴湿岩石缝中和林下湿地。

主要化学成分：不明确。

用途：水土保持。

绶草 *Spiranthes sinensis* ｜ 兰科 Orchidaceae　绶草属 *Spiranthes*

别名：盘龙参、红龙盘柱、一线香。

形态特征：植株高 13~30 厘米。根数条，指状，肉质，簇生于茎基部。茎近基部生 2~5 叶。叶宽线形或宽线状披针形，稀窄长圆形，直伸，基部具柄状鞘抱茎。花序密生多花，螺旋状扭转；苞片卵状披针形；花紫红、粉红或白色，在花序轴螺旋状排生；萼片下部靠合，中萼片窄长圆形，舟状，与花瓣靠合兜状，侧萼片斜披针形；唇瓣宽长圆形，凹入基部浅囊状，囊内具 2 胼胝体。

生长习性：喜阴凉，湿润，生长适宜温度为 15~30℃。花期 7~8 月。

分布与生境：分布于六盘山区及周边市县。生于河滩沼泽草甸中。

主要化学成分：含有阿魏酸酯、二氢菲类衍生物、黄酮类化合物、绶草酚、甾醇类成分等。

用途：①药用。全草入药，具有滋阴益气、凉血解毒、润肺止咳、消炎解毒的效果。主治神经衰弱，可以增强神经末梢发育，有安神补脑的作用；绶草对于急性炎症有缓解作用。②景观植物。

黄菖蒲 *Iris pseudacorus* ｜ 鸢尾科 Iridaceae　鸢尾属 *Iris*

别名：黄花鸢尾、水生鸢尾、黄鸢尾、水烛。

形态特征：根状茎粗壮，径达 2.5 厘米。基生叶灰绿色，宽剑形，中脉明显，长 40~60 厘米，宽 1.5~3 厘米。花茎粗壮，高 60~70 厘米，上部分枝；苞片 3~4，膜质，绿色，披针形；花黄色，径 10~11 厘米；花被筒长约 1.5 厘米；外花被裂片卵圆形或倒卵形，长约 7 厘米，无附属物，中部有黑褐色花纹，内花被裂片倒披针形，长约 2.7 厘米；雄蕊长约 3 厘米，花药黑紫色；花柱分枝淡黄色，长约 4.5 厘米，顶端裂片半圆形，子房绿色，三棱状柱形，长约 2.5 厘米。

生长习性：多年生草本。喜温暖湿润气候，耐寒，较耐阴，喜在浅水区域生长，环境适应性强。花期 5 月，果期 6~8 月。

分布与生境：银川市部分公园、水塘中有栽培。

主要化学成分：有机酸等。

用途：①药用。根茎药用。干燥的根茎可缓解牙痛、调经、治腹泻。②景观植物。黄菖蒲是水生花卉中的骄子，花色黄艳，花姿秀美，观赏价值极高。③其他。可以作染料。

参 考 文 献

《全国中草药汇编》编写组 . 全国中草药汇编 [M]. 北京：人民卫生出版社，1978.

《中华本草》编委会 . 中华本草精选本：下册 [M]. 上海：上海科学技术出版社，1998.

曹兵，李小伟，李涛 . 宁夏罗山维管植物 [M]. 银川：阳光出版社，2011.

陈国元，李青松，何彩庆 . 黄菖蒲有机酸组分对铜绿微囊藻细胞质膜透性的影响 [J]. 环境科技，2017，30（05）：18-22.

程东亮，聂济仁，朱子清 . 罗布麻根化学成分的研究 Ⅰ、脂溶性成分的分离与鉴定 [J]. 兰州大学学报，1979（04）：85-87.

董学，王国荣，姚庆强 . 三棱的化学成分 [J]. 药学学报，2008，43（01）：63-66.

高正中，戴法和 . 宁夏植被 [M]. 银川：宁夏人民出版社，1998.

郭兴峰 . 荷花化学成分和抗氧化活性研究 [D]. 山东农业大学，2010.

国家林业局 . 中国湿地资源·宁夏卷 [M]. 北京：中国林业出版社，2015.

国家中医药管理局《中华本草》编委会 . 中华本草 [M]. 上海：上海科学技术出版社，1999.

何江波，牛燕芬，陈武荣，等 . 花花柴化学成分的研究 [J]. 中成药，2016，38（05）：1062-1066.

胡夏嵩，陈桂琛，周国英，等 . 青藏铁路沱沱河取土场草本植物固土力学强度与化学元素含量特征 [J]. 冰川冻土，2012，34（05）：1190-1199.

胡雪艳，陈海霞，高文远，等 . 泽泻化学成分的研究 [J]. 中草药，2008，39（12）：1788-1790.

黄璐琦，李小伟 . 贺兰山植物资源图志 [M]. 福州：福建科学技术出版社，2017.

吉林中医药研究所，等 . 长白山植物药志 [M]. 长春：吉林人民出版社，1982.

江佩芬，刘建国 . 罗布麻叶中鞣质的提取、分离和含量测定 [J]. 中药通报，1988（09）：36-37+63.

江佩芬，余亚纲，吉卯祉，等 . 罗布麻叶脂溶性化学成分的研究 [J]. 中药通报，1985（05）：32-33.

江苏新医学院 . 中药大辞典：上册 [M]. 上海：上海人民出版社，1977.

江苏新医学院 . 中药大辞典：下册 [M]. 上海：上海人民出版社，1977.

蒋雷，姚庆强，解砚英 . 苣荬菜化学成分的研究 [J]. 食品与药品，2009，11（03）：27-29.

康金国，贾忠建．藓生马先蒿化学成分研究 [J]．兰州大学学报，1997（01）：71-76．

康金国，申秀民，贾忠建．藓生马先蒿化学成分研究（Ⅱ）[J]．中国中药杂志，1997（03）：39-40+63-64．

孔丽娟，梁侨丽，吴启南．黑三棱的化学成分研究 [J]．中草药，2011，42（03）：440-442．

李海亮，陈海魁，徐福利，等．辽东蒿挥发油化学成分分析 [J]．中药材，2016，39（09）：2033-2036．

李曼玲，刘美兰．罗布麻叶氨基酸成分研究 [J]．中成药研究，1987（01）：32．

李仲，郭玫，余晓晖，等．用高效液相色谱法测定款冬花中芦丁的含量 [J]．甘肃中医学院学报，2000（03）：20-21+14．

梁晶晶，孙连娜，陶朝阳，等．水烛香蒲叶的化学成分研究 [J]．药学实践杂志，2007（03）：150-151+183．

梁文裕，邱小琼，赵红雪，等．沙湖水质改善试验示范研究 [M]．北京：海洋出版社，2018．

廖颖妍．不同保存方法对沅江荻芦营养成分的影响研究 [D]．湖南中医药大学，2017．

刘法锦，廖汉成，朱晓薇．长苞香蒲化学成分的研究 [J]．中草药，1985，16（01）：48．

刘红梅．微波辅助萃取三棱中甘露醇的工艺优化研究 [J]．时珍国医国药，2007，18．

刘慧兰．宁夏野生经济植物 [M]．银川：宁夏人民出版社，1991．

刘磊，李静，陈燕萍．苣荬菜、苦苣菜和苦荬菜茎叶中脂肪酸含量分析 [J]．吉林大学学报（医学版），2002（06）：606-607．

马德滋，刘慧兰，胡福秀．宁夏植物志 [M]．2 版．银川：宁夏人民出版社，2007（上、下卷）．

牛志明，IanR.Swingland，雷光春．综合湿地管理 [M]．北京：海洋出版社，2012．

钱春香，孙丽娜，薛璇玑，等．乳苣全草石油醚部位化学成分的研究 [J]．中草药，2017，48（07）：1302-1305．

任仁安．中药鉴定学 [M]．上海：上海科学技术出版社，1986．

石巍，高建军，韩桂秋．款冬花化学成分研究 [J]．北京医科大学学报，1996（04）：308．

唐艳军，刘秉钺，李友明，等．芦苇化学成分及其化学机械浆性能研究 [J]．林产化学与工业，2006（02）：69-73．

王明时，刘静涵，刘卫国．罗布麻化学成分的研究 [J]．南京药学院学报，1985（04）：35-37．

王翌臣，王焕军，张玲，等．大狼把草的化学成分液质联用快速鉴定分析 [J]．中国实验方剂学杂志，2018，24（17）：80-87．

王振勤．罗布麻叶（茶）的研究进展 [J]．中国中药杂志，1991（04）：250-252．

沃联群，罗光明，王保秀，等．草泽泻三萜类化学成分的研究 [J]．中国中药杂志，2005（16）：1263-1265．

吴征镒，周浙昆，李德铢，等．世界种子植物科的分布区类型系统 [J]．云南植物研究，

2003，25（03）：245-257.

吴征镒.《世界种子植物科的分布区类型系统》的修定 [J]. 云南植物研究，2003，25（05）：535-538.

吴征镒. 中国种子植物区系地理 [M]. 北京：科学出版社，2011.

吴征镒. 中国种子植物属的分布区类型 [J]. 云南植物研究，1991，增刊Ⅳ：1-139.

肖培根. 新编中药志：第三卷 [M]. 北京：化学工业出版社，2002.

邢世瑞. 宁夏中药志：上卷 [M]. 2 版. 银川：宁夏人民出版社，2006.

邢世瑞. 宁夏中药志：下卷 [M]. 2 版. 银川：宁夏人民出版社，2006.

严秀珍，梅兴国，栾新慧，等. 罗布麻茎的化学成分研究 [J]. 上海第一医学院学报，1985（04）：265-269.

燕福生，姚志萍. 罗布麻生长期和槲皮素含量的关系 [J]. 中药通报，1986（01）：10-11.

杨亮杰，谢丽琼，郭栋良，等. 花花柴地上部分化学成分的研究 [J]. 中成药，2019（06）：1303-1307.

杨娜，周先礼，黄帅. 华蟹甲化学成分的研究 [J]. 华西药学杂志，2018，33（02）：111-114.

阴健，郭力弓. 中药现代研究与临床应用 [M]. 北京：学苑出版社，1993.

应百平，杨培明，朱任宏. 款冬花化学成分的研究Ⅰ. 款冬酮的结构 [J]. 化学学报，1987（05）：450-455.

袁涛，华会明，裴月湖. 三棱的化学成分研究（Ⅱ）[J]. 中草药，2005，36（11）：1607-1610.

曾美怡，李敏民，赵秀文. 含吡咯双烷生物碱的中草药及其毒性（二）——款冬花和伪品蜂斗菜等的毒性反应 [J]. 中药新药与临床药理，1996（04）：52-53.

张军武，郭斌，尉亚辉. 黑三棱的生物学、药理作用及化学成分研究进展 [J]. 吉林农业大学学报，2012，34（06）：639-644.

张振杰，丁东宁，梁仰止，等. 药用罗布麻（红麻）叶的化学成分研究 [J]. 中草药通讯，1974（01）：21-24.

赵淑春，富力，刘敏莉，等. 水棘针种子脂肪酸及芳香油化学成分的研究 [J]. 中国野生植物，1992（02）：6-9.

Prbytkova OV, Sagitdinova GV, Malikov V M. Triterpenoids and sterols of *Karelinia caspica*[J].Chem Nat Compd, 1994, 30（04）：524.

宁夏湿地植物名录

　　宁夏分布有湿地植物 191 种，隶属于 44 科 112 属，其中苔藓植物 1 科 1 属 1 种；蕨类植物 3 科 4 属 6 种；被子植物 40 科 106 属 184 种（其中双子叶植物 113 种，27 科 69 属；单子叶植物 71 种，13 科 37 属）。植物名录采用的中文名和学名以 *Flora of China*（《中国植物志》英文版）为准。

钱苔科 Ricciaceae
　　浮苔属 *Ricciocarpus*
　　　浮苔 *Ricciocarpus natans*
木贼科 Equisetaceae
　　木贼属 *Equisetum*
　　　问荆 *Equisetum arvense*
　　　木贼 *Equisetum hiemale*
　　　节节草 *Equisetum ramosissimum*
蘋科 Marsileaceae
　　蘋属 *Marsilea*
　　　蘋 *Marsilea quadrifolia*
槐叶蘋科 Salviniaceae
　　槐叶蘋属 *Salvinia*
　　　槐叶蘋 *Salvinia natans*
　　满江红属 *Azolla*
　　　满江红 *Azolla pinnata* subsp. *asiatica*
蓼科 Polygonaceae
　　蓼属 *Polygonum*
　　　两栖蓼 *Polygonum amphibium*
　　　萹蓄 *Polygonum aviculare*
　　　柳叶刺蓼 *Polygonum bungeanum*
　　　水蓼 *Polygonum hydropiper*

　　　酸模叶蓼 *Polygonum lapathifolium*
　　　绵毛酸模叶蓼 *Polygonum lapathifolium* var. *salicifolium*
　　　尼泊尔蓼 *Polygonum nepalense*
　　　西伯利亚蓼 *Polygonum sibiricum*
　　　珠芽蓼 *Polygonum viviparum*
　　酸模属 *Rumex*
　　　水生酸模 *Rumex aquaticus*
　　　皱叶酸模 *Rumex crispus*
　　　齿果酸模 *Rumex dentatus*
　　　巴天酸模 *Rumex patientia*
藜科 Chenopodiaceae
　　滨藜属 *Atriplex*
　　　中亚滨藜 *Atriplex centralasiatica*
　　　滨藜 *Atriplex patens*
　　　西伯利亚滨藜 *Atriplex sibirica*
　　藜属 *Chenopodium*
　　　灰绿藜 *Chenopodium glaucum*
　　盐穗木属 *Halostachys*
　　　盐穗木 *Halostachys caspica*
　　盐爪爪属 *Kalidium*
　　　尖叶盐爪爪 *Kalidium cuspidatum*

盐爪爪 *Kalidium foliatum*

细枝盐爪爪 *Kalidium gracile*

盐角草属 *Salicornia*

盐角草 *Salicornia europaea*

碱蓬属 *Suaeda*

角果碱蓬 *Suaeda corniculata*

碱蓬 *Suaeda glauca*

盐地碱蓬 *Suaeda salsa*

石竹科 Caryophyllaceae

牛漆姑属 *Spergularia*

拟漆姑 *Spergularia marina*

莲科 Nelumbonaceae

莲属 *Nelumbo*

莲花 *Nelumbo nucifera*

睡莲科 Nymphaeaceae

睡莲属 *Nymphaea*

睡莲 *Nymphaea tetragona*

金鱼藻科 Ceratophyllaceae

金鱼藻属 *Ceratophyllum*

金鱼藻 *Ceratophyllum demersum*

五刺金鱼藻 *Ceratophyllum platyacanthum* subsp. *oryzetorum*

细金鱼藻 *Ceratophyllum submersum*

毛茛科 Ranunculaceae

水毛茛属 *Batrachium*

歧裂水毛茛 *Batrachium divaricatrm*

驴蹄草属 *Caltha*

驴蹄草 *Caltha palustris*

碱毛茛属 *Halerpestes*

长叶碱毛茛 *Halerpestes ruthenica*

碱毛茛 *Halerpestes sarmentosa*

三裂碱毛茛 *Halerpestes tricuspis*

毛茛属 *Ranunculus*

茴茴蒜 *Ranunculus chinensis*

毛茛 *Ranunculus japonicus*

石龙芮 *Ranunculus sceleratus*

十字花科 Brassicaceae

碎米荠属 *Cardamine*

弹裂碎米荠 *Cardamine impatiens*

大叶碎米荠 *Cardamine macrophylla*

唐古碎米荠 *Cardamine tangutorum*

蔊菜属 *Rorippa*

风花菜 *Rorippa globosa*

沼生蔊菜 *Rorippa palustris*

蔷薇科 Rosaceae

委陵菜属 *Potentilla*

蕨麻 *Potentilla anserina*

朝天委陵菜 *Potentilla supina*

豆科 Fabaceae

大豆属 *Glycine*

野大豆 *Glycine soja*

苜蓿属 *Medicago*

天蓝苜蓿 *Medicago lupulina*

棘豆属 *Oxytropis*

小花棘豆 *Oxytropis glabra*

苦马豆属 *Sphaerophysa*

苦马豆 *Sphaerophysa salsula*

凤仙花科 Balsaminaceae

凤仙花属 *Impatiens*

水金凤 *Impatiens noli-tangere*

柽柳科 Tamaricaceae

柽柳属 *Tamarix*

柽柳 *Tamarix chinensis*

水柏枝属 *Myricaria*

宽苞水柏枝 *Myricaria bracteata*

三春水柏枝 *Myricaria paniculata*

千屈菜科 Lythraceae

千屈菜属 *Lythrum*

千屈菜 *Lythrum salicaria*

柳叶菜科 Onagraceae

柳兰属 *Chamerion*

柳兰 *Chamerion angustifolium*

柳叶菜属 *Epilobium*

 多枝柳叶菜 *Epilobium fastigiatoramosum*

 柳叶菜 *Epilobium hirsutum*

 细籽柳叶菜 *Epilobium minutiflorum*

 小花柳叶菜 *Epilobium parviflorum*

 长籽柳叶菜 *Epilobium pyrricholophum*

 滇藏柳叶菜 *Epilobium wallichianum*

小二仙草科 **Haloragaceae**

 狐尾藻属 *Myriophyllum*

  穗状狐尾藻 *Myriophyllum spicatum*

  狐尾藻 *Myriophyllum verticillatum*

杉叶藻科 **Hippuridaceae**

 杉叶藻属 *Hippuris*

  杉叶藻 *Hippuris vulgaris*

伞形科 **Apiaceae**

 葛缕子属 *Carum*

  葛缕子 *Carum carvi*

 蛇床属 *Cnidium*

  碱蛇床 *Cnidium salinum*

 水芹属 *Oenanthe*

  水芹 *Oenanthe javanica*

报春花科 **Primulaceae**

 海乳草属 *Glaux*

  海乳草 *Glaux maritima*

 报春花属 *Primula*

  苞芽粉报春 *Primula gemmifera*

龙胆科 **Gentianaceae**

 百金花属 *Centaurium*

  百金花 *Centaurium pulchellum* var. *altaicum*

 龙胆属 *Gentiana*

  假水生龙胆 *Gentiana pseudoaquatica*

 扁蕾属 *Gentianopsis*

  湿生扁蕾 *Gentianopsis paludosa*

 獐牙菜属 *Swertia*

  红直獐牙菜 *Swertia erythrosticta*

睡菜科 **Menyanthaceae**

 荇菜属 *Nymphoides*

  荇菜（莕菜）*Nymphoides peltata*

夹竹桃科 **Apocynaceae**

 罗布麻属 *Apocynum*

  罗布麻 *Apocynum venetum*

花荵科 **Polemoniaceae**

 花荵属 *Polemonium*

  花荵 *Polemonium caeruleum*

唇形科 **Lamiaceae**

 水棘针属 *Amethystea*

  水棘针 *Amethystea caerulea*

 活血丹属 *Glechoma*

  活血丹 *Glechoma longituba*

 薄荷属 *Mentha*

  薄荷 *Mentha canadensis*

玄参科 **Scrophulariaceae**

 小米草属 *Euphrasia*

  小米草 *Euphrasia pectinata*

 疗齿草属 *Odontites*

  疗齿草 *Odontites vulgaris*

 马先蒿属 *Pedicularis*

  藓生马先蒿 *Pedicularis muscicola*

  穗花马先蒿 *Pedicularis spicata*

 婆婆纳属 *Veronica*

  北水苦荬 *Veronica anagallis-aquatica*

狸藻科 **Lentibulariaceae**

 狸藻属 *Utricularia*

  狸藻 *Utricularia vulgaris*

车前科 **Plantaginaceae**

 车前属 *Plantago*

  车前 *Plantago asiatica*

  大车前 *Plantago major*

菊科 **Asteraceae**

 蒿属 *Artemisia*

  辽东蒿 *Artemisia verbenacea*

鬼针草属 *Bidens*

　大狼杷草 *Bidens frondosa*

　小花鬼针草 *Bidens parviflora*

　狼杷草 *Bidens tripartita*

蓟属 *Cirsium*

　牛口刺 *Cirsium shansiense*

旋覆花属 *Inula*

　旋覆花 *Inula japonica*

花花柴属 *Karelinia*

　花花柴 *Karelinia caspia*

莴苣属 *Lactuca*

　乳苣 *Lactuca tatarica*

橐吾属 *Ligularia*

　大黄橐吾 *Ligularia duciformis*

　掌叶橐吾 *Ligularia przewalskii*

　箭叶橐吾 *Ligularia sagitta*

风毛菊属 *Saussurea*

　倒羽叶风毛菊 *Saussurea runcinata*

　盐地风毛菊 *Saussurea salsa*

鸦葱属 *Scorzonera*

　蒙古鸦葱 *Scorzonera mongolica*

华蟹甲属 *Sinacalia*

　华蟹甲 *Sinacalia tangutica*

碱苣属 *Sonchella*

　碱小苦苣菜 *Sonchella stenoma*

苦苣菜属 *Sonchus*

　苦苣菜 *Sonchus oleraceus*

　苣荬菜 *Sonchus wightianus*

联毛紫菀属 *Symphyotrichum*

　短星菊 *Symphyotrichum ciliatum*

蒲公英属 *Taraxacum*

　多裂蒲公英 *Taraxacum dissectum*

　蒲公英 *Taraxacum mongolicum*

　华蒲公英 *Taraxacum sinicum*

碱菀属 *Tripolium*

　碱菀 *Tripolium pannonicum*

款冬属 *Tussilago*

　款冬 *Tussilago farfara*

苍耳属 *Xanthium*

　苍耳 *Xanthium strumarium*

香蒲科 **Typhaceae**

黑三棱属 *Sparganium*

　黑三棱 *Sparganium stoloniferum*

香蒲属 *Typha*

　水烛 *Typha angustifolia*

　达香蒲 *Typha davidiana*

　长苞香蒲 *Typha domingensis*

　小香蒲 *Typha minima*

眼子菜科 **Potamogetonaceae**

眼子菜属 *Potamogeton*

　菹草 *Potamogeton crispus*

　眼子菜 *Potamogeton distinctus*

　光叶眼子菜 *Potamogeton lucens*

　浮叶眼子菜 *Potamogeton natans*

　穿叶眼子菜 *Potamogeton perfoliatus*

　竹叶眼子菜 *Potamogeton wrightii*

篦齿眼子菜属 *Stuckenia*

　丝叶眼子菜 *Stuckenia filiformis*

　篦齿眼子菜 *Stuckenia pectinata*

角果藻属 *Zannichellia*

　角果藻 *Zannichellia palustris*

水鳖科 **Hydrocharitaceae**

茨藻属 *Najas*

　大茨藻 *Najas marina*

　小茨藻 *Najas minor*

水麦冬科 **Juncaginaceae**

水麦冬属 *Triglochin*

　海韭菜 *Triglochin maritima*

　水麦冬 *Triglochin palustris*

泽泻科 **Alismataceae**

泽泻属 *Alisma*

　草泽泻 *Alisma gramineum*

泽泻 *Alisma plantago-aquatica*

慈姑属 *Sagittaria*

　野慈姑 *Sagittaria trifolia*

花蔺科 **Butomaceae**

花蔺属 *Butomus*

　花蔺 *Butomus umbellatus*

禾本科 **Poaceae**

看麦娘属 *Alopecurus*

　苇状看麦娘 *Alopecurus arundinaceus*

荩草属 *Arthraxon*

　荩草 *Arthraxon hispidus*

菵草属 *Beckmannia*

　菵草 *Beckmannia syzigachne*

拂子茅属 *Calamagrostis*

　拂子茅 *Calamagrostis epigeios*

　假苇拂子茅 *Calamagrostis pseudophragmites*

隐花草属 *Crypsis*

　隐花草 *Crypsis acuieata*

　蔺状隐花草 *Crypsis schoenoides*

稗属 *Echinochloa*

　长芒稗 *Echinochloa caudata*

　稗 *Echinochloa crusgalli*

　无芒稗 *Echinochloa crusgalli* var. *mitis*

　湖南稗子 *Echinochloa frumentacea*

披碱草属 *Elymus*

　紫芒披碱草 *Elymus purpuraristatus*

大麦属 *Hordeum*

　紫大麦草 *Hordeum roshevitzii*

赖草属 *Leymus*

　赖草 *Leymus secalinus*

芒属 *Miscanthus*

　荻 *Miscanthus sacchariflorus*

稻属 *Oryza*

　稻 *Oryza sativa*

芦苇属 *Phragmites*

　芦苇 *Phragmites australis*

棒头草属 *Polypogon*

　长芒棒头草 *Polypogon monspeliensis*

莎草科 **Cyperaceae**

扁穗草属 *Blysmus*

　华扁穗草 *Blysmus sinocompressus*

三棱草属 *Bolboschoenus*

　球穗三棱草 *Bolboschoenus affinis*

　扁秆荆三棱 *Bolboschoenus planiculmis*

薹草属 *Carex*

　团穗薹草 *Carex agglomerata*

　白颖薹草 *Carex duriuscula* subsp. *rigescens*

　大理薹草 *Carex rubrobrunnea* var. *taliensis*

　川滇薹草 *Carex schneideri*

莎草属 *Cyperus*

　异型莎草 *Cyperus difformis*

　褐穗莎草 *Cyperus fuscus*

　头状穗莎草 *Cyperus glomeratus*

　花穗水莎草 *Cyperus pannonicus*

　水莎草 *Cyperus serotinus*

荸荠属 *Eleocharis*

　卵穗荸荠 *Eleocharis ovata*

　沼泽荸荠 *Eleocharis palustris*

　具槽秆荸荠 *Eleocharis valleculosa*

扁莎属 *Pycreus*

　红鳞扁莎 *Pycreus sanguinolentus*

水葱属 *Schoenoplectus*

　剑苞水葱 *Schoenoplectus ehrenbergii*

　钻苞水葱 *Schoenoplectus subulatus*

　水葱 *Schoenoplectus tabernaemontani*

　三棱水葱 *Schoenoplectus triqueter*

蔺藨草属 *Trichophorum*

　双柱头针蔺 *Trichophorum distigmaticum*

菖蒲科 **Acoraceae**

菖蒲属 *Acorus*

　菖蒲 *Acorus calamus*

浮萍科 Lemnaceae

  浮萍属 *Lemna*

    浮萍 *Lemna minor*

  紫萍属 *Spirodela*

    紫萍 *Spirodela polyrhiza*

灯心草科 Juncaceae

  灯心草属 *Juncus*

    小花灯心草 *Juncus articulatus*

    小灯心草 *Juncus bufonius*

    细茎灯心草 *Juncus gracilicaulis*

    片髓灯心草 *Juncus inflexus*

    展苞灯心草 *Juncus thomsonii*

兰科 Orchidaceae

  绶草属 *Spiranthes*

    绶草 *Spiranthes sinensis*

鸢尾科 Iridaceae

  鸢尾属 *Iris*

    黄菖蒲 *Iris pseudacorus*

植物中文名索引

植物拉丁名索引